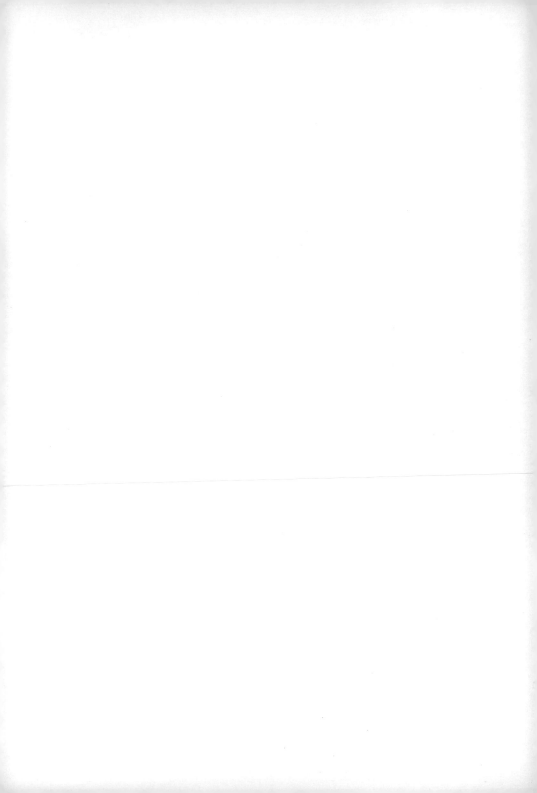

布局思維

職涯發展專家的30堂人生致勝課

楊琮熙——著

推薦序

預測未來最好的方法就是去創造它

數位轉型顧問 李全興（老查）

我在提供「大叔出租—個人化諮詢」時，大多數來找我的人談的都跟自身職涯有關。最常聽到的問題類型就是：「如何在工作上獲得成就？」、「該怎麼成功轉職呢？」、「面對不同的職務、機會，該怎麼選擇？」，的確大多數人在一生之中，花在工作的時間比起與心愛的人相處或是睡眠的時間都還長，可以算是影響我們生活最深遠的活動，也是許多人常會疑惑自己是否已做出最佳決定的大哉問。

寓言《愛麗絲夢遊奇境》裡，愛麗絲問貓：「請告訴我，我應該走哪條路呢？」貓回答：「這要看你想去什麼地方。」愛麗絲接著說：「去哪兒我都無所謂。」貓就說了：「那麼，你走哪一條路都可以。」」，如果沒有先思考自己在職涯中理想達到的目的，怎麼選都好像對，但也可能不是真正的答案，而這也正是大多數人會犯的錯。二〇一二年，康乃爾大學針對一千五百位老人做調查，問他們「人生中感到最後悔的事情是什麼？」」，其中絕大多數人的答案都是：對自己所選擇的工作感到後悔，這項研究結果表示職涯選擇真的不是個容易作答的問題。

通常我們都會從觀摩業界的名人，或詢問其他人的意見來獲得有關職涯的建議，感覺這些經驗談會有一定程度的參考價值。不過仔細想想，從中能獲得的不過也就是根據那個人的經驗與偏好所做出的選擇建議，對我們來說未必照著做就會有好的結果。

《布局思維》作者楊琮熙老師本身有十多年人力資源管理的經驗，加上同時具有多項個人能力發展的專業資格，因此書中兼具「企業」、「管理學」、「能力開發」、「個人成長」等多重觀點，以全面性的角度來談職涯選擇及發展，是一本能夠帶給職場工作者實用指引的好書。

怎麼樣做選擇？如何讓工作越換越好？

也許你曾經有這樣的想法「目前的工作待遇普通又辛苦，真想換個更理想的工作」。但當要投履歷時，又會擔心自己缺乏強項或成就，真的可以找到符合自己期望的工作嗎？

一般人都不免想要一次就找到最完美、最理想的工作，所以會覺得很困難，但比較合理的期望是：把轉職當成是逐步提升自己市場價值的手段，一步一步達到自己的期望。想辦法在換工作的過程裡使自己能力更加強化、發揮自己的優勢。在《布局思維》書中的第一部與第二部，分別就「如何設計自己的職涯策略與路徑」以及「如何在職場展現自己、發揮能力、累積籌碼」、「什麼時候該把握機會進階」提出了許多實用的建議，是職場工作者可依循的教戰手冊。

在這裡用我自己的職場經歷來當個註腳：我在剛出社會的時候，學歷只是五專肄業生，沒有什麼背景或人脈，第一份工作的薪水也很普通，是在出版社擔任編輯。但是在二十五年的上班族生涯裡，我換了九家公司，歷練了不同的工作，最後一份工作的年薪我算過，是我第一份工作年薪的十三點二倍。這大概就是藉由轉職逐步提升自己能力與價值的實際例子。

不只工作要越換越好，自身也要持續版本升級

台灣人的平均壽命已經達到八十一歲，但是企業的平均壽命卻反而越來越短了。以美國「標準普爾五百指數」的五百家企業為例：其企業平均壽命從一九六〇年代的六十年，到現在已經縮短為不到二十年。所以期望自己可以「在一家公司安穩地從一而終」已經越來越難，未來，變得難以預測以及充滿變化。

在《布局思維》書中的第三部分，重點回到我們自身，必須懂得自我成長的學習技術，從中獲得新的機會，嘗試建立以下的心態與資源：

1. 專家心態與能力：鍛鍊自己的專業，展現能力、提供價值，獲得認同。
2. 好奇：打開視野，關心不同領域的事物，就有可能增加事業上的機會。

3.堅持：雖然多方嘗試，但在碰到挫折時也要稍微堅持一段時間，才可能碰到好的機遇。

4.彈性：如果情況出現變化，要能夠因應而作出調整，不妨把它看成是讓自己成長的機會正面看待。

5.導師與夥伴：找到值得自己仿效、學習的 role model，開展可以共事、協作的人脈關係。

彼得．杜拉克曾說「預測未來最好的方法就是去創造它」，在塔雷伯的《反脆弱》書中也告訴我們，嘗試透過預測未來的方式要去規避風險是不可能的，因為我們對於未來的預測總是大錯特錯。所以要「構思出想要的未來，並且實現它」，簡言之，就是讓自己有選擇與主導權。相信讀完《布局思維》，會讓您獲得許多有用的指引，誠摯推薦。

contents+

CHAPTER 2+ 職場走跳，你需要知道的事

CHAPTER 3+

想成功，先要懂得自我成長的學習技術

自序
找到成功的藍圖，定位自己的人生

從事人力資源管理工作，總是有比較多的機會看到職場中現實的一面。

但我一直覺得在職場拚搏的專業工作者，與其不停地抱怨老闆、同事或是這個大環境，或許可以多花一點時間，學習如何在工作與生活中實踐自我。

於是開始在「人資主管ＵＰ學」部落格／粉專發表一些職涯心得，慢慢得到一些讀者迴響。隨著所寫文章不斷被媒體平台轉載，後來獲邀成為商管雜誌專欄作家、也陸續迎來教學或演講的合作機會。

我才發現，原來自己的經驗與觀點，或許能對職場的上班族們產生更多正向影響力。

因此，我開始把在教學與寫作時常被詢問的問題收集起來，試著透過個人學到的職涯經驗與觀念，寫出一篇篇能升級思維、有助個人成長的方法論，期望轉化為讀者能參考實踐的行動指引。

有幸獲得皇冠文化集團的青睞，合作出版以「職涯規劃」、「職場工作術」、「學習成長」為主軸的《布局思維》，希望透過書中三十篇文章，讓讀者學到能在日常中實踐的思考技術。

比如說，「斜槓人生很流行，我也該斜槓嗎？」，我想與你分享「乘法思維」，讓你在擁有不同生活體驗的當下，也知道該如何借力深化核心能力；「想轉職又不知該如何評估？」，我想跟你聊聊如何跳出思考迴圈，提升個人轉職的決策品質；人們常說累積職場人脈很重要，但我想多些提醒：「不要盲目結交人脈，我們認知能力有限，應專注在某些關係上」；「一萬小時法則」鼓勵人們熟能生巧才能有所成就，其實這句話不一定正確，除非你能做到某件更重要的事。

上述觀點，是我觀察從基層員工到高階經理人在職涯路上所遇到的困難之後，所沉澱出的思考法則與行動方式，也是提醒自己避免犯錯的省思筆記。而這些，我都願意真誠地與讀者們分享與交流，希望大家都能愈做愈好。

祝福閱讀本書的你，能夠擁有自己的「布局思維」，即使面對困境，也能懂得有方法地思考與累積經驗，讓每段職涯都能產出個人的代表作品，成為一個心中有藍圖的人，定位自己擅長的人生賽道，並從中勝出，達到個人想要的成功人生。

CHAPTER 1

做自己的人生設計師

＋ 變動時代不用怕，成長心態走天下！

一位前同事打了電話給我，本來是逢年過節的寒暄祝福，聊起來才知道，他已經離開公司，現在正經營一間咖啡小店。

「怎麼會想自己創業呢？工作不是也做得好好的嗎？」我問。他回答得也直接，「這段時間公司受疫情影響，內部陸續做了幾波人事調整。」

他拿了資遣費後，連續幾個月都找不到工作，說不會抱怨公司、不會感到挫折是騙人的。但心裡想到還有一家老小要養，他告訴自己，如果這樣就灰心喪志，那未來怎麼辦，家人又該怎麼辦？「既然找不到工作，那就自己創造一份工作吧。」就這樣，煮咖啡本來是他的興趣，現在反倒變成了他的主業。

自從開業以來，每天都有新的事物要學習，他覺得好像又從工作中找到了活力與熱情。只是這一次，他不再是為組織、主管而拚命工作的上班族。他選擇當一個面向市場、讓顧客直接定義價值與績效的創業者。

他告訴我：「為公司不斷轉型的路上拚了這麼多年，現在該為自己的人生轉型而努力了！」

我聽了，實在為他的樂觀與積極感到佩服。是啊，「轉型」說起來很容易。但是，真正能做到的組織又有多少？更遑論自己的人生與職涯了。

這陣子也讀到一篇行銷公司邁向轉型的經驗，我深受啟發。

在COVID-19疫情影響以前，這間公司以承攬科技大廠的尾牙活動而聞名，有著「尾牙大王」的美譽，自創業以來，每年獲利都創新高。疫情發生以後，許多大廠停辦尾牙，對這間公司的業績造成了嚴重衝擊。

老闆忙著找出路，不然就活不下去了。於是召集員工討論「線上尾牙」的可能性，同仁一開始的反應是「看著電腦吃尾牙？」、「怎麼可能？」，畢竟過去生意太好了，誰想過尾牙生意有一天會做不下去。

不過，團隊終究發展出各種新的服務方案，挺過這次風暴。比方說，本來只做企劃的，也逼著自己開始主持線上直播。一半的員工都開始學著修煉自己、發展新專長，進化了組織。公司也沒有浪費這次的危機，促使內部發展出更多線上服務的可能性。

聽了前同事的經歷，還有讀了尾牙大王的文章，讓我感受到「變動」和「衝擊」，大概是我們這一代人難以避免的常數。此時，面對挫折的「心態」就顯得無比重要。

擁有成長心態（growth mindset）的人，遇到了問題與挫折，會選擇擁抱挑戰、堅持到底，如果身為領導者，往往能帶領組織不斷成長；但定型心態（fixed mindset）的人面對問題，則是怪罪環境、歸咎他人，最後只能讓自己與組織深陷危險之中。

遭逢人生挫折時，我們常會選擇責怪這個環境、抱怨他人，總感覺是這個世界對不起自己。希望有外部力量能幫助自己解決眼前難題，卻忘了發自內心的改變才是突破困境的關鍵。

最近也因為工作的關係，重讀了《當責，從停止抱怨開始》。

這本書以家喻戶曉的童話《綠野仙蹤》（*The Wizard of Oz*）為架構，並以故事主角們的渴望為隱喻。比如說希望得到勇氣的膽小獅、想獲得一顆心的錫樵夫、盼望有腦子的稻草人，以及想成功回家的女主角桃樂絲，他們的共同目標是：找到魔法師奧茲，請大法師幫他們達成願望！

主人翁所想望的勇氣、心靈、智慧與成功，其實不也是我們一般人所想要的？

每個人、每個組織都有自己的目標，當然也有期望解決的問題和困境。但我們很容易忽視內在的力量，轉而向外想找到一個魔法師，希望這個魔法師可以賜予我們無比的神力，馬上就能解決眼前的問題。

所以你有時候會看到，某些人不斷地上課找老師進修，某些組織不斷地尋找管理顧問諮詢。可是到最後，你常常會發現，個人或是組織之所以成功，並不全然是因為上了什麼稀有的課程或是得到了什麼寶貴的商業建議。

真正成功的關鍵是發自內心尋找改變的力量，誠實面對自己問題的所在。

就像桃樂絲一樣，黃磚路上前往翡翠城的驚險旅程，克服重重難關！到了最後才發現，力量其實掌握在自己身上，只要輕叩鞋跟，就能順利回家。

因此，魔法就在你身上，因此應該問問自己「我還能多做什麼，才能夠在生活上、工作上變得更好？」

《當責，從停止抱怨開始》提到，責任感和被害感只有一條水平線之隔，水平線以下的思考觀點糾結於「那不是我的工作。」、「我也沒有辦法、無能為力。」、「都是別人的問題。」；水平線以上的行動思考則是「如何正視現實」、「承擔責任」、「解決問題」、「著手完成」。

我們當然可以一直問為什麼（why）：「為什麼是我？」、「為什麼會發生這種事？」、「為什麼運氣會這麼不好？」，但你只能讓自己沉在水平線以下，跳脫不出困局。

因此，我們可以選擇身處在水平線以上，問自己：「還能多做什麼？才能交出成果、達成目標！」如何會更好（how to）：「我該如何解決這個問題？」、「我們有沒有不一樣的解法？」

我學到，懂得把挫敗當作禮物，並追問如何做的人，更容易展開寬廣的思考，調整自己腳步，把問題的格局放大，最終提出轉型解決之道。

遇到了困難，先別忙著指責他人，怪罪環境，這並無法解決你眼前的問題。如果你願意，請把解決問題的焦點放在自己身上，付出行動，大法師其實就住在你的心裡，別讓困境影響餘生，你也才能做自己際遇的主人！

祝福我這位前同事與每一位正在困境中尋求改變的人，人生轉型之路愈走愈順，也希望我們的企業組織在邁向轉型時，都能充分探索轉換可能，找出成功方程式。

職涯發展專家的
布局思維

「變動」和「衝擊」，大概是我們這一代人難以避免的常數。此時，面對挫折的「心態」就顯得無比重要。

「人資只花××秒看履歷」？關鍵不在秒數，而是這三件事

每到求職／轉職旺季，總會有許多文章開始說明如何撰寫一份好的履歷，論述撰寫優質履歷的技巧，藉此增加徵才企業對履歷的好印象，進而提升被心儀公司邀約面試的機會。

這時候常被引述的，就是人資××秒看履歷的這類調查報導，這些文章普遍傳遞了一種概念：人資只花××秒看履歷，所以寫履歷時有些「眉角」應該要注意。

比如說以下的幾篇報導，讀者們在網路上搜尋以下標題就能閱讀全文，並讀到文中所提到的相關求職技巧。

◎科學驗證，人資平均如何花六秒看一份履歷？

◎人資平均只花八點八秒看一封履歷！

◎履歷時間僅一分半！企業老闆偏好這三個星座

做為一位從事人力資源管理的工作者，其實不會認為這些文章所提供的求職「眉角」或技巧有什麼問題。

只是，如果要說人資夥伴用幾秒就能完成一份履歷的檢視作業。類似這樣的文章，或許不能精準的呈現一封履歷在應聘程序之中，如何被專業ＨＲ進行認知與處理的狀態。

甚至，大多數的文章是過於簡化了ＨＲ篩選履歷的過程，導致應聘者忽略了一些基本但卻重要的撰寫原則。

以下是個人在科技產業從事多年招募的經驗，提供三個觀點讓讀者參考：

一、避開履歷被秒刪的原因

如果仔細看前述調查中所提及履歷會被快速刪除的原因，其實大多是在撰寫時犯了很基本的錯誤。

比如說：「描述條件與應徵工作不符」、「沒有提供自傳」、「錯別字／注音文過多」、「沒有達到技能需求的證明」、「沒有提供聯絡方式」……等等。

因此，如果能在送出履歷前，小心檢查對照一下，其實就能避免被秒刪的情形產生。不過，卻也無法保證能因此提升邀約面試機會。

畢竟，一個職位常常有許多的競爭者，而確保履歷內容無誤，也只是達到了企業徵才過程中的基本要求。

二、人資看履歷不在秒數，而是在尋找關鍵內容

承第一點所述，如果一份××秒就能被判別是否符合企業要求的履歷，其實有很大的可能，就不再需要招募ＨＲ進行過濾。

因為愈來愈多徵才履歷系統可以設定初步篩選標準，可由機器進行相關條件的判讀後，才會將合適的履歷送到招募ＨＲ手中。

此時，專業HR所需要作的，是從自傳與履歷的敘述中尋找符合職缺要求的「關鍵內容」，再決定是否邀約面談，而後搭配與人選的面談結果，綜合評估是否聘用，這也是招募夥伴的價值所在。

隨著專業年資的成長，有經驗的招募HR可以越來越精準的判定人才在書面資料上是否能夠符合職缺所需，卻也不會特意縮短大腦對於履歷／自傳內容的認知與理解時間。

一來意義不大，二來是有時一些蛛絲馬跡與工作脈絡是需前後比對或是交互參照的。

三、什麼是履歷／自傳的關鍵內容

承第二點所述，去除掉履歷／自傳的基本錯誤，招募HR會試圖找出哪些「關鍵內容」呢？

或許每個產業並不相同，以我所處的科技產業為例，優先會關注的部分可能是以下三項。

而這並不適用新鮮人，較符合大多數工作幾年之後的職場工作者狀況：

【公司規模與組織】

熟悉該領域產業的ＨＲ，能夠從應徵者所經歷的公司去理解人選的工作歷練與專業訓練。

比如說，有些公司的知名度很高，規模也龐大，或許應徵者在任職這家公司時，已受過充足的專業分工訓練。

有些公司知名度雖不高，組織規模也不是一般認知的大型企業，但是創新活力的企業文化時有所聞，ＨＲ也會設法了解應徵者的人格特質、做事方式是否也有這樣的創新文化，是否符合職缺所需？

【專業工作年資】

招募ＨＲ會從可以量化的專業年資去進一步理解應徵者的工作穩定度、離職原因、對工作內容的盼望等。

工作年資的長短並不是絕對，隨著產業的激烈競爭，現代知識工作者跳槽、挖角的情況愈來愈多，對徵才企業而言，工作年資的多寡已不是什麼穩定度的保證書。

但專業的HR會從每一段的工作經歷去延伸思考與提問，就能夠釐清許多疑問，取得更多客觀的事實。

【工作成就與角色】

經驗豐富的應聘者，有時會羅列許多日常工作項目與內容，但對招募HR而言，重點是應聘人選取得了什麼樣的職涯成就、為組織作出了什麼貢獻？

當HR獲取了這類資訊時，通常會追問相關的行為事例與所扮演的角色，確認所陳述的事蹟是否符合職缺所需的職能。

專業的HR會使用一些面談技巧來具象化應徵者的行為事例，讓應徵者具體地舉出過去成功或是失敗案例的過程與結果，以做為評斷人選經歷是否符合職務條件的標準。

看完了文中所提的三個觀點之後，對職場工作者的啟示是什麼呢？

首先，如果要避免產出被秒刪的履歷，可參考一下文中第一點所提的常見錯誤，然後提醒自己反向操作，產出基本無誤的履歷格式。

接下來則是在第二點與第三點中，可以了解ＨＲ處理履歷的過程與原則，在應聘過程中展示個人職涯的重要成果，在面試過程中有效表達與溝通。

關於如何優化履歷與提高面談技巧，網路上已有許多的討論，而每個企業錄取人才的標準與篩選邏輯也都有一套獨到的見解與標準。

這部分並沒有一定的對錯，包括個人在文中所提的觀點也不一定適用各種情況，只能提供大家參考。

不過，我的看法是這樣的——

專業工作者在職時應該都有一個核心理念，那就是持續累積自身的職涯成就，在每一段職涯都能夠產出屬於自己的代表作！才有機會在找尋新工作時，強調個人的優勢與價值，讓徵才企業產生興趣，邀請參加面談。

學習一些履歷包裝與優化技巧，有時的確能凸顯個人的特色與專長，將過往專業與經歷好好地展示在企業主面前，在應聘過程中比別人取得更多機會。

然而，如果沒有令人印象深刻的工作經驗與資歷，長期來看，或許並無法展現個人獨有的職場價值，一切仍應回到工作當下，專注做好每一份工作，或許才是豐富專業履歷的根本之道。

職涯發展專家的

布局思維

專業工作者在職時應該都有一個核心理念，那就是持續累積自身的職涯成就，在每一段職涯都能夠產出屬於自己的代表作！

你，就是自己最好的職涯顧問

從事人力資源管理工作多年，也擁有合格的就業服務證照，於是許多朋友面臨轉職時，習慣找我聊聊關於「職涯規畫」的建議。他們普遍認為，我看過那麼多的人選經歷，在產業也待得很久，對許多職務的優劣分析會有豐富經驗與獨到看法。

但事實上，面對他們的詢問，我卻不太敢提供所謂「職涯規畫」的想法，主要原因有兩個：

首先，我常分享：「選擇一份工作，其實就是在選擇一種生活方式！」這是個人需要負責的重大決定。然而，每個人的人格特質、職涯目標與對工作內容的期待通常都不大一樣。

比如說，有人期待朝九晚五、準時上下班的工作型態，但有人渴望工作節奏明快、充滿挑戰的工作環境。

假設我給了建議，而你後來真的在一份工作上如魚得水，你大概不會感謝我；但如果你後來在這份工作上的發展不如預期，你卻很有可能會怪罪於我，拿我的忠告去換你的責任感，其實對我們兩個人都不是件好事情。

其次，每個人的職涯方向與需求其實都不一樣，但許多職涯規劃的文章，對成功職涯的定義與標準卻幾乎都長得一樣，傳達了固定的框架觀念，而忽略了每個人對工作的看法與要求，其實隨著年齡與資歷的增長而有所變化。

換句話說，同樣三十五歲的職涯規劃，如果是當上主管，可能適合你，卻不適合我。這沒有對錯，單純是我們對追求成功的定義不同而已。

曾有個好友問我該不該接受一個技術職的 offer？他當時是一間中等規模公司的研發主管，是帶領六個人的管理職。

經獵頭推薦，有機會到一家知名的上市公司擔任不需帶人的技術功能主管職。雖說是技術職，因為是在跨國大型公司，整體年薪加分紅會比目前的主管職還要優渥，他為此感到有點猶豫，請我給他一些建議。

常被問到這樣類似的職涯轉換問題，經過多次經驗累積，我想比較好的做法，可能是運用一些有意義的提問，協助好友將內心想法探索得更清楚一些，而不是直接給予建議，例如以下這七個問題：

1. 想轉職的目的是什麼？
2. 令你煩惱而難以下決定的原因是什麼？
3. 薪水好與薪水很好對你目前的差異是什麼？
4. 主管職與技術職的優劣比較是什麼？
5. 對職涯成功的目標與想像是什麼？
6. 想像過五年後的生活可能是什麼樣貌嗎？
7. 除了轉職，還有哪些方式或資源可能協助達到目的嗎？

我一直認為，好的提問可以取代直接給予建議，也能加深一個人做決策的責任感。

於是我問朋友，是什麼原因驅使自己想轉換工作呢？朋友告訴我，邁入中年，目前正處在小孩成長、父母年老的階段，開銷也大，希望能有更多收入，給家人更有品質的生活。

「那麼令你難以下決定的原因是什麼呢？」我問。

「我在這間公司工作很努力，也花了好幾年才升上主管，公司雖然不大，但也有幸福企業的稱號，薪水待遇也算不錯，現在我也正在磨鍊自己帶人的能力，以後可能還有更大的管理幅度，而現在的工作環境與學習機會都是令自己滿意的。」

「那間大公司薪水待遇當然比較好，但高壓工作氣氛在業界也時有所聞，而我加入的話是擔任技術職，而非管理職，感覺又像是被降了一等。」

「所以薪水好，跟薪水很好對你目前的差異是什麼？」我問。

「現在薪水雖然不差，但有更好的薪水，我就可以有更多的收入，應付小孩成長學費跟父母親醫療上的支出啊。」朋友回答。

「那在你想像中，個人職涯成功的樣貌會是什麼？」

「嗯……就是我能爬到高位，又能發揮專業，還能把家庭顧好，我覺得那才叫事業成功，我不喜歡一直加班工作，都沒有時間陪家人。」朋友想了想，慢慢地分享成功的圖像。

「那麼依你了解，如果你待在現在公司五年後，跟加入那間大公司五年後，你的生活會是什麼樣子呢？」我再問

「啊……我想……如果在這間公司繼續待著，只要我持續被公司看重，應該有機會再升官加薪吧。」

「那如果加入那間大公司呢？」我好奇地問。

「唉，我在那間公司也有些人脈，他們說得很坦白，公司是願意給高薪的，但相對的你也要付出許多時間與精神……健康也會受影響……」朋友又露出為難的表情。

「所以五年後……我想可能會常需要看醫生吧……哈哈哈！」講到這，我和朋友都忍不住笑了出來。

「我很好奇，除了加入那間公司，有其他方式也能達到你轉職目的

嗎？」我問。

「本來想換工作，是為了賺更多錢，但經你這麼一問，好像就算達成目的，也不會過得快樂，因為犧牲實在太多了。」朋友說。

「我想，不離職，應該也可以有其他增加收入的方式吧。」朋友像是想到了什麼，微微地對我笑了一下。

其實整個對談過程中，我都沒有給好友建議。我只是請他誠實思考上述七個問題後再做決定，最終目的思路清楚了，答案其實呼之欲出。

如果你也有類似的職涯轉換問題，內心感到糾結，不妨使用這些問題進行一場自我提問。

只是想提醒，關於轉換工作這件事，尋求他人看法當然是一個方式，可以協助用多元觀點分析產業趨勢的未來性、了解職務的發揮空間，對新工作必然也有更透徹的了解。

然而，最終要做出決定的仍是自己，如果能先了解個人真正所期盼的是什麼？手上可以運用的資源有哪些？

除了考量外部的現實條件，也誠實地傾聽內心聲音，那麼自己就是個稱職的職涯顧問，不需依賴他人為你的職涯做出選擇，畢竟別人無法過你的人生，也不能（或說不會）為你的工作和生活方式負責。

職涯發展專家的

布局思維

關於轉換工作這件事，尋求他人看法當然是一個方式，然而，最終要做出決定的仍是自己，如果能先了解個人真正所期盼的是什麼？手上可以運用的資源有哪些？那麼自己就是個稱職的職涯顧問，不需依賴他人為你作出選擇。

與獵頭打交道之前，你該想清楚的事

朋友接到獵人頭顧問（也稱 Headhunter，獵頭，以下簡稱獵頭）探詢是否有興趣轉職，並提供了一個職缺。初次面對這樣轉職機會，希望我能給他一些建議。

坦白說，從事招募工作不免會委託獵頭進行徵才，日子久了，也認識了一些獵頭朋友，不時熱心提供工作機會，於公於私都曾與獵頭交流。

但說到要給建議，我覺得每個人對轉職期望與需求都不一樣。

歸納了一下與獵頭接觸的經驗後，或許可用常見的 5W2H 分析，做為面對獵頭時的共通性思考。也就是說，先試著用有架構的提問取代旁人給予建議的方式，遇到不熟悉的獵頭時，先客氣地請他（她）回答以下問題，問答過程不但能促進雙方理解，也影響未來合作時的每一個流程。

Why

為什麼找上我？釐清自己在獵頭眼中的優勢！

我常建議想吸引獵頭目光的應徵者，可以學著經營自己的 Linked in 檔案，在頁面放上相符的工作經歷與技能，那麼當有合適的職缺時，獵頭就能以一些關鍵字搜尋到個人的履歷，對合作進行一步洽談。

接到獵頭詢問，你可以問問他／她為什麼會找上自己，個人目前的經驗和他／她為客戶尋找的人選條件上，有哪些地方適合，又或者有哪些地方不是那麼符合。

因為專業獵頭會認真搜尋適合的人選，並且了解你的能力與背景，然後說明為什麼認為你是適合人選。仔細聽聽獵頭的回答，就知道他／她是否有認真檢視個人履歷，你也才能知道自己是否有機會脫穎而出。

透過這樣的提問，大概可以了解自己是屬於優先或是備胎人選，也能推測一下獵頭是不是在亂槍打鳥找人，畢竟這種情況也不能說沒有。

Who

獵頭知道你的經歷，但你可能對獵頭的背景一無所知。因此，你可以請獵頭介紹一下自身資歷與背景、了解獵頭在這行業的專業經歷，他／她本身是否在這個產業工作過，相關產業經歷如何？獵頭是不是有特別專攻的人才領域？他／她所在的公司規模大小如何，都服務什麼樣的客戶，是知名企業，還是中小型企業，又或是國際型企業，某種程度，這些背景都能反映服務水準與素質。

近年來獵頭公司數量快速竄升，也有許多年輕人投身獵頭。我認為年資經歷並非絕對，如果獵頭很年輕，但對人選所在的行業與產業已有很充足的專業歷練，我覺得可以談談。

但一般來說，年輕獵頭的人脈與經驗較比不上資深的從業人員，這時候可以選擇他／她所處公司是較具規模或知名度的，在後續的合作上會比較順利一些。重點是要選擇熟悉自己專業的獵頭進行合作，這樣在對話過程所用的「語言」會比較一致，交流起來也比較有效率。

What

而針對職位本身，你可以詢問是什麼樣產業的公司開了這個職缺？這個職缺的工作內容與需求條件又是什麼？

一個專業的獵頭會讓人選了解徵才公司所處產業狀況，也能清楚地說明職務內容與技能需求為何。好的獵頭會在人才與公司媒合的過程中進行妥善溝通，避免人選與公司間產生不必要的誤解。

曾有朋友透過獵頭幫忙找工作，但到了公司進行面談後，發現企業對這個職務的要求與個人過去經歷相差甚大，因此在與用人主管面談時，雙方都顯得很尷尬；不過也有朋友除了事先了解職務內容之外，也向獵頭詢問了公司的企業文化、組織現況，提前作好功課，在面談時增加彼此的契合度，也因此得到自己想要的夢幻工作。

因此，可以向獵頭多打探一些訊息，如果獵頭想認真地推薦你給徵才公司，就會幫你得到一般應徵者無法了解的資訊，提升錄取的機會。

Where/When

另外，也可以詢問開缺的地點是不是符合個人的職涯需求？因為應聘者有時候會加入地域性的考量，如果這個職務是需要較多時間通勤的，可以詢問是否會提供宿舍或交通津貼？如果開缺地點是海外，也可以請獵頭說明一下在這地點開缺的原因。或許是公司因應業務成長所增設的職位，也有可能是人員離職的遞補職缺，只要多問一些，就能一窺職務全貌，更能理解這個工作的責任與角色。

同時，也能詢問職缺開立的時間點，你也可以向獵頭了解，這個徵才已經進行多久了？如果是長時間還沒有找到人，請教一下獵頭可能的原因，或許是企業一直找不到適合的人選，也有可能是找到的人選，可能報到後沒有多久就離職了，因此又再度開缺，又或者是營運需求強勁，所以短時間開了許多重複的職缺，積極尋找人才？

How

你也能趁機向獵頭了解，應聘過程中，他／她將如何進行媒合？一般而言，人選會需要提供履歷給獵頭，有些獵頭公司會幫忙修改履歷，甚至會進一步說明對這份職務的看法，經過與人選對談與分析後，協助人選提升面談技巧。

我們也可以詢問獵頭，整個面談流程會如何進行？有哪些關卡？會與哪些單位主管進行面談？是不是會進行團體面試？有沒有需要另外準備簡報或個人作品？有沒有建議自己要另外準備的項目。

雖然有些獵頭宣稱會為人選作職涯規劃，我對這點持保留態度。畢竟獵頭主要服務不是規劃人選職涯發展，而是推銷適合人選給徵才企業。

How much

大部分委託獵頭的公司都會揭露這個職務的預算，因此關於工作大概的年薪區間是可以事先知道的。我們也可以先詢問獵頭，這個職務可能的薪資範圍，可藉此與心中期望薪資做個判斷，再決定是否前去面談。

而過程中人選也需要揭露目前薪資結構，讓獵頭與徵才公司做整體薪酬條件的評估。

最後提醒兩點，個人認為很重要但卻容易忽略的基本觀念：

1. 不要過度期待獵頭幫忙找工作，當作是另一種求職管道就好。

2. 謹慎地看待個人履歷，不要輕易地交給無法信任的獵頭。

接到獵頭探詢，恭喜你！代表某種程度上，專業能見度已受到市場認可。如果能用 5W2H 提問，與獵頭進行後續溝通，會是比較完整的思考，也可以觀察獵頭面對提問時所給出的回應，決定是否能信任這位獵頭，幫助你找到理想工作。

職涯發展專家的

布局思維

不要過度期待獵頭幫忙找工作，當作是另一種求職管道就好。謹慎地看待個人履歷，不要輕易地交給無法信任的獵頭。

＋ 運用乘法思維，建立帶得走的「斜槓」專業

某次職涯講座的Q&A中，一位大學生談到身邊許多同學都成為「斜槓青年」（slash）有興趣，紛紛在社交網站標示自己的多元身分，例如「學生／劇團演員／社團講師／程式設計師」。

雖然在學生活就能兼差多份工作，開始累積多元收入，看起來很不錯，但他總覺得哪裡怪怪的，因此詢問我，「同時從事那麼多工作，以企業的角度來看，真的對未來職涯有幫助嗎？」

沒想到，這位學生剛說完，另一位上班族也急忙舉手：「對對對，老師您可以分享一下嗎？像我們都工作一陣子了，有機會成為『斜槓中年』嗎？」

看來斜槓概念愈來愈受歡迎，不僅成為熱門名詞，也讓許多人深受啟發，願意探索不同的新事物，嘗試思考人生更多的可能性。

斜槓就是你不同身分的「組合式人生」

近年流行的「斜槓」強調擁有多重職業、創造多元收入、經營不同身分的人生，其實就如同英國組織管理大師查爾斯·韓第（Charles Handy）早年所主張的「組合式人生」（portfolio life）。

韓第曾經表示，「一個均衡有意義的人生，是由不同比例的工作所組合出來的。」

他本人也身體力行，開始成為身兼教書、演講、寫作等多職的斜槓工作者，讓人生不是只有一種全薪工作的活法。

而對於講座上大學生與上班族對於「斜槓」的提問，我的看法是「從你的核心能力出發」，並善用以下兩點原則：運用乘法思維投入時間與在組織中學習多重專業，才有機會創造斜槓綜效。

斜槓不等於兼差！想實現多元人生，你該思考的兩個概念

一、運用「乘法思維」，而非加法思維

現今網路平台發達，讓人很容易在社交網站、人力銀行找到兼差機會，但斜槓的理念並不全然等同於「兼職」。

如果單純把追逐多種職業體驗與收入，當成了發展斜槓的努力方向，這裡東碰一點、西做一點，表面上是得到了多元經驗與額外收入，但深層來說，這些過程若無法增強你的核心專業與能力，不一定有助於職涯發展。

比方說，一個學生在本來應該是吸收知識最密集的人生階段，如果僅以賺錢為目的而兼職，損失了學習成長的機會。那麼即便當時收入再高，但所得到的副業產出並沒有連結個人專業發展，或是幫助省思未來努力的方向時，投入在兼職兼差的時間只是不斷地累加，我稱這類的心態為「加法思維」。

加法思維＝與核心能力無關的副業一＋與核心能力無關的副業二＋……

這種做法雖然能接觸到不同的生活體驗，但如果與你想發展的核心能力無關，產出並無法為本業帶來更多的價值與成果，反而還有可能減少個人發展核心能力的機會。

與「加法思維」相比，我更推崇的是「乘法思維」，也就是：

從「核心能力」向外延伸，獲得的體驗可以回頭加強既有核心能力，讓你在副業上所得到的學習經驗，與本業相乘，創造更多價值。

比方說，許多專業人士（例如醫生、會計師、專業教練）在本業持續精進之餘，也延伸出寫作、教學等副業（例如作家、講師、Youtuber）。

在副業所獲得的回饋與經驗，能循環幫助他們在本業能力上有所突破，成為一個完善的價值迴圈。

乘法思維＝核心能力×延伸副業一×延伸副業二×……

相較於加法思維，乘法思維避免將不相干的事情強加在一起，更強調於擴張核心能力或興趣。創造的價值不一定能直接換成收入，卻能帶來發展多重專業的機會，達到韓第「組合式人生」的美好體驗。

二、善用「組織」學習多重專業

斜槓並非專屬於年輕人的專有名詞，進入職場多年的上班族，當然也能在現有工作的基礎上發展斜槓。比如說，你可以思考如何應用乘法思維延伸個人專業，另外，也應該善用現有的組織，學習與原專長相關的衍生能力，為自己創造優勢經驗與產出。

因為，公司是由一群學有專長、分工細膩的人才組合成的團隊，只是大多數的上班族，容易專注在個人職務的工作產出，卻忽略了如何從團隊合作的過程、組織營運面對的挑戰，學習解決各種商業問題的相關流程與方法。

如果我們不以完成個人任務為滿足，願意跳出舒適圈，將眼光拉得更廣，尋找機會體驗不同職務的內容、學習不同專業所需的知識技能，甚至思考公司所處產業三年、五年之後將如何變動，組織可以有如何應變的經營策略。

那麼，個人就會更有機會在組織內發展出不同於原本職務的斜槓專業，成為擁有複合能力的跨領域人才。

我認識一位研發工程師，在產品設計與研發上的實力相當不錯，但他希望有機會可以轉作PM（專案管理），因為他想進一步了解如何在前端與客戶協調需求、管控專案時程，而不只是被動地等待PM確定需求才進行研發。

於是，他選擇在研發工作以外多做一點，多問一點有關PM的職責與流程。

懂技術研發的PM其實是少數，某次公司內部PM開缺，這位工程師得以順利轉調，他不僅能更直接地與客戶討論需求規格，工作績效也深獲單位主管肯定。

這就是在最低風險的情況下，在組織內逐步地練就跨界職能，取得在職涯裡「帶著走的斜槓專業」。

早年流行I型人、T型人、π型人到這兩年的斜槓，其實都在強調如何從既有專長跨界學習，發展個人職涯無可取代的專業性。

在渴望「斜槓人生」的同時，也別忘了思考本身的核心能力是什麼，善用乘法思維創造價值、在組織中學習多重專業，使得個人未來更具可塑性，打造屬於自己的斜槓成功方程式。

職涯發展專家的

布局思維

從「核心能力」向外延伸，獲得的體驗可以回頭加強既有核心能力，讓你在副業上所得到的學習經驗，與本業相乘，創造更多價值。

三個圓圈原則，找到屬於自己的黃金交叉點

某次就業講座的 Q&A 中，有位學生舉手發問，「請問老師，要如何才能找到一份好工作呢？」我好奇地問同學，「在你心中怎樣的工作，才算一份好工作呢？」這位同學可能沒有想過這個問題，一時答不上來。

倒是有個年輕上班族很快地就回應說：「高薪就是好工作啊！」於是，我又好奇地問這位年輕人：「薪水高但卻做得不快樂的話，那算好工作嗎？」年輕人聽了，低著頭若有所思，也沒有再回應我。

從普通邁向偉大：三個圓圈

雖然我常被問到怎麼樣才能找到好工作，但經驗告訴我，其實大多數人

對於什麼樣才是一份好工作，常常是沒有仔細想過的。

面對這個問題，我心中也沒有標準答案，不過後來我倒是常常提到管理學大師詹姆．柯林斯（Jim Collins）在《從 A 到 A +》（*Good to Great*）所提的「三個圓圈」故事，讓大家對這個問題有個思考方向。

柯林斯曾寫過全球暢銷的《基業長青》一書，但後來有人跟柯林斯反應，「這書中講的東西毫無用處。」原因在於《基業長青》所提到的公司，它們一開始就顯得很偉大，然而大多數公司一開始都很普通，如果一間公司想要從普通變得偉大，書中提到的經驗，顯然對讀者們沒有太大的幫助。

柯林斯聽了覺得很有道理，於是他開始和團隊著手研究，有沒有原本是普通公司，但因為做對了什麼事，讓這些公司開始變得偉大呢？

他先為表現普通的公司下了個定義：在過去的十五年累計股票報酬率和股市整體表現相當或低於整體表現；後來變得偉大的定義則是：在後來的十五年累計股票報酬率是股市整體表現的三倍以上，而以十五年為觀察區間，則是要避開好運氣或是曇花一現的短期影響。

於是柯林斯從美國《財星雜誌》五百大排行榜上的企業，系統化地搜尋和篩選，最後找到了十一家企業同時符合上述兩個定義，將這些公司的成功經驗歸納成原則，寫成了《從 A 到 A+》，而書中提到的一項原則就是「三個圓圈」。

柯林斯發現這些公司都會問以下三個圓圈的問題，並依據問題的答案，做出組織經營事業方向的最終選擇，而後發展成優秀的公司。

其實這三個圓圈，也非常適合做為評估個人職涯的自我提問。當你對職涯的走向有所困惑，或是不清楚怎麼樣才算是一個好工作。可以試試看回答這三個問題，拿枝筆，在紙上寫下你的答案，也是很好的省思過程。

一、對什麼事業充滿熱情？

「從普通到偉大」的公司會找到足以投入熱情的方向，並且專心一志、全力以赴地完善這個事業。

對個人來說，找尋「熱情」同等重要，問問自己「有什麼事情是你很喜歡做的？」、「有沒有什麼是不需要別人的指示，本身就有驅動自己一定要把事做到最好的熱情？」

只要你發現，在做某些事情的過程中，常能達到渾然忘我、全心投入的心理狀態，那麼這類事情很可能就是你的熱情所在！

二、在哪些方面能達到世界頂尖水準？

我們常以為企業的核心業務就會是事業體最佳績效，事實上，即便是組織長年經營的核心事業，也不見得就具備一流水準，對企業更重要的是，了解公司在哪些的業務技術能（有機會）達到頂尖。

從個人職涯的角度來看，就像是在問自己：「有什麼事情做得比別人好？」這些做得比別人好的就是你的「專長」。你也可以再問問自己：「在這個專長的領域裡，個人的技能水準好到足以被稱為頂尖嗎？」如果能在發揮專長的過程中同時獲得成長，而且在這領域的表現能讓人為之稱讚，那就是對自我專長的肯定。

三、經濟引擎主要靠什麼來驅動？

對企業來說，這個問題是找出使公司獲利的關鍵原因，知道獲利重心應該放在哪裡，已經理解什麼樣經營策略才能有效獲取充足的現金和高利潤。

對職場工作者而言，就是在就業市場的「機會」，你可以問自己：「怎麼做，在某件事上才能獲得報酬？」、「誰願意為我的產出和成果付錢？」、「我該做些什麼、改善什麼，才有機會創造更大的市場價值？」也就是認清自己可以靠什麼才能得到收入，做什麼才能賺到錢。

因此，如何讓自己也能像這些公司一樣，從普通到偉大呢？不如也畫下三個圓圈，分別表示：熱情、專長與機會。

把答案填到三個圓圈中，而答案交集之處，就是這些公司最後選擇的經營方向，你自己的答案，則是經營個人職涯方向的重要指引。

如果一個人能找到熱情、專長與機會這三者的交集點，就能確認什麼是該專注投入的方向，我想也是個人職涯的理想狀態。

值得注意的是，要立刻找到這三者的交叉點並不容易。有時人們可能對某事有熱情，卻不見得有對應的專長，又或者是有專長卻不符合現今就業機會，這樣的狀況，都要花多一些時間才能找到交集的面向。

針對不易找到交集點的問題，柯林斯對組織的建議則是：透過成立「委員會」的定期檢視，圍繞著三個圓圈進行對話、檢討與決策，適時調整營運策略，才能釐清交集所在，專注事業經營方向。

而柯林斯的這項研究結果不僅適用於企業營運策略，也同樣適用個人品牌經營。

因此，經營個人職涯也可以有類似「委員會」的設計，你可以找一些好友或是同領域的夥伴，請他們給你關於這三個圓圈的回饋和建議。

根據這三個圓圈進行自我提問與收集他人回饋，設法先找到一項（假如是熱情），再讓自己具備第二項（假如是專長），當你最後拼齊了第三項（假如是機會），我想不只能找到一份好工作，同時也認識了自己經營人生的目標與願景。

職涯發展專家的

布局思維

只要你發現，在做某些事情的過程中，常能達到渾然忘我、全心投入的心理狀態，那麼這類事情很可能就是你的熱情所在！

富蘭克林成功學：人脈、抉擇與刻意練習

「要如何在職場上有比較好的人際關係？」、「請問我現在的情況是不是該找其他工作了？」、「上班族時間有限，該怎麼學習才能更有效率呢？」這是我在課堂或講座中最常被問到的幾個議題。

如果上述狀況也一樣困擾著你，那麼我想與你分享關於班傑明．富蘭克林（Benjamin Franklin，一七〇六至一七九〇）待人處事的幾個故事，恰好與如何做出好決策、如何有效學習與人際關係的應對原則有關，或許可以對你有些不同的啟發。

眾所皆知，富蘭克林不僅是位卓越的科學家、外交官、出版商，還創辦了常春藤名校——賓州大學。同時，他也是位發明家，發明了避雷針、遠近視兩用眼鏡、里程表等，他甚至還是一位作家，曾出版超級暢銷的《窮理查

年鑑》，每年銷售上萬冊。而對於推動美國獨立，也有著傑出貢獻的政治成就，讓他被公認為美國開國元勳之一。

一個出身貧寒的印刷學徒，談不上是什麼人生勝利組，卻帶領美國成功走過獨立建國之路，並且能在這麼多領域都有著優秀表現的富蘭克林，他的多元身分放到現在來看，可以說是個博學多才的斜槓人物。那麼兩百多年前的他是如何處理這些狀況的呢？

想讓人喜歡你？給人機會幫助你

我們常認為要獲得別人的認同，與對方成為朋友，應該是想辦法去幫助對方，甚至是懇求對方，為對方做出有益的事情。不過，富蘭克林贏得友誼與尊敬的方式卻出乎人們意料，也顯得頗有創造性，不僅可以解決自己的問題，還能一併獲得了對方的好感，他的方法是：請對方幫一個小忙。

富蘭克林在當選州議會秘書後，曾有一位相當具有影響力的議員總是反對他、與他唱反調。某次巧合下，富蘭克林得知這議員有一本珍貴的書，於是寫信請教議員是否能借這本書看幾天，沒有想到對方還真借給了他。後來兩個人還因此事成為了好朋友，這位議員後續還主動幫了富蘭克林許多忙。

為什麼會這樣呢？心理學家稱這是一種「心理混淆」的現象，也稱「富蘭克林效應」。

因為，當人們幫助了一位本來不那麼喜歡的人，大腦會產生了矛盾，就會開始說服自己「這人其實也是不錯的」，讓心理與行為逐漸調整為一致。大多時候人們並不習慣開口請別人幫忙，而富蘭克林的方式讓我們知道，讓別人有機會幫自己一個小忙，其實更能拉近彼此的關係。

有各種選項，該選哪個最有效益？正反表列思考法

富蘭克林有位朋友叫約瑟夫．普利斯特里（Joseph Priestley），當時普利斯特里正煩惱著該不該接受某份工作機會？他特地寫信請教富蘭克林，請問是否能給點建議。後來富蘭克林回信，建議他用「正反意見表列法」來引導最終的決定。

方法很簡單，先在紙上畫出兩個欄位，然後在左欄寫下正面接受的理由，右欄則寫下不接受的理由。寫好之後，在每個理由上給予一個重要性的加權值，權衡兩欄理由的重要性並逐一分析後，最後剩下的理由哪邊多，你就選擇哪邊。這方法稱為「正反意見表列法」（pros-and-cons list），我們其實都看過這種方法，在關於決策理論的書中，都常能讀到類似的描述。

而富蘭克林將它取名「道德或審慎代數」（Moral or Prudential Algebra），用來比較各種選項和做出選擇。當然，以現在的決策科學來看或許不夠成熟，但也不失為一個解決選擇難題的邏輯方法，讓人有機會檢視各種選項的重要性再做最終決定。

忙碌的工作，如何成長？每週五小時的刻意學習

富蘭克林十二歲就到哥哥的印刷廠當學徒，開始學習印刷術，並簽訂了苛刻的協議，他必須一直做到廿一歲都不領工資，因此很早就離開了正規的學校教育，據說他一生只在學校讀了兩年書，但他卻從不中斷自我學習，總

是從伙食費中省下錢來買書。

即使在這段青少年期間其實並沒有展現特別的天賦與才能，不過當他八十四歲離世後，卻是世人公認成功的政治家、企業家與發明家，顯見他在成年學習這段時間的投入與努力。

富蘭克林閱讀的主題多元，從名家作品、科學論文到通俗讀物都是他閱讀範圍，而他的學習模式是：每天持續花上大約一個小時進行刻意學習，即每個工作日固定投入一小時的學習。如此累積下來，每週就有五小時，後人稱為「富蘭克林的五小時法則」。就像現在的上班族一樣，雖然過著繁忙的每一天，而富蘭克林卻堅持抽出時間進行學習。

他的學習模式包括：每天要求自己早起與寫作、定期設定與追蹤個人的成長目標、每天進行自我提問的反思。而且他的口袋中常裝著一本筆記本，記錄自己的言行舉止，以做為每日反省的依據。

他也習慣結交共讀的同好，拓寬思維的交流也為他的學習成果立下了堅實的基礎。像富蘭克林這樣刻意、持久地學習與反思，其實都是我們現代人可以模仿的思維習慣。

富蘭克林的傳奇一生與深具影響力的典範，成為了許多美國人景仰的對象，例如投資之神華倫・巴菲特、鋼鐵大王卡內基都視他為模範，就連Tesla、Space X創辦人伊隆・馬斯克都曾表示，富蘭克林是他最崇拜的人。

他不僅改變了美國，也影響了全世界，富蘭克林一生有著許多光環與頭銜，畢生成就等同於許多傑出人物的生命總和，但不能忽視他同時也是個努力與好學的人。

當我們面臨有關重大決策、學習方式與人際關係等難題時，不妨回頭參考一下這位被譽為「美國第一個偉人」的生平事蹟，不僅有所啟發，也能思考該如何度過有意義的一生，進一步追求更美好的自我實現。

職涯發展專家的

布局思維

當人們幫助了一位本來不那麼喜歡的人，大腦會產生了矛盾，就會開始說服自己「這人其實也是不錯的」，讓心理與行為逐漸調整為一致。讓別人有機會幫自己一個小忙，其實更能拉近彼此的關係。

照著他人建議經營人生，才是最大的風險：定義自我成功的APPLE法則

某天受邀擔任了一個為大學生、碩士生與職場新鮮人辦理的職涯講座講師，這個講座目的主要是分享講師個人的職涯經驗，並解答學員們對職場各面向的問題，讓學生們可以提早準備，對未來工作有更明確的方向。

當有機會分享這類職涯主題時，我總會送給學員「一顆蘋果」。

這顆蘋果不是能讓你感受潮流尖端，拿出來總能吸引眾人目光的那個蘋果手機或電腦。而是希望能像打中牛頓的那顆蘋果一樣，給人們一點點啟發，讓你找工作、寫履歷、面試都可以用得到的蘋果，我稱為「APPLE法則」。

因為多次的職涯講座經驗累積，我分析學員們常見的問題會是以下這幾類：

1. 如何挑選一個好工作？我怎麼知道這工作適合自己？

2.我已經碩二（或大四）了，我該繼續升學還是工作？

3.我現在的功課（學歷）不夠好、感覺學歷沒有什麼用，以後找工作會不會有影響？

4.父母總是建議我讀×××科系（研究所），可是我不喜歡怎麼辦？

5.未來企業需要什麼樣的人才，我現在該如何準備？

其實，這些問題對一個在職場上有些歷練的人來說，真的是不難回答。但每每分享後，我也總會提醒同學：「你問我的話，我的答案可能是這樣，但你問他的話，他的答案可能是那樣。」

如果得到別人的答案不難，那麼什麼才是「你心中的答案」？

比方說，如何才是一個「好」工作？這個好，應該由你自己定義，別人口中的「好」，不見得是你理想的「好」。比如說，你所期望的「好」，指的是薪水高還是公司知名度，還是有學習機會，又或者只是離家近就好？

當你沒有為自己定義時，即便你得到了一百種他人的答案，恐怕你還是無法下定決心去行動。

因為當你不知道自己追尋的「好」是什麼狀態的時候，即使面對璀璨的未來也沒有足夠的信心做出抉擇。就這樣，不論怎麼想都會感到恐懼與徬徨。甚至，還有可能掉入了與他人比較成就的陷阱當中，莫名的焦慮與痛苦又隨之而來。

我常分享，照著別人的答案生活，你過的是別人的人生；照著自己的答案生活，你才是在過自己的人生。

問題是，我們該如何找到自己的答案？這真的不容易！

因為從小到大已習慣了依賴他人給我們建議，不過聽取建議應該視為一個形成個人觀點的過程，而不是最終的結果。

有一次，在電視上看到有台灣最強女棋士之稱的黑嘉嘉，正接受著名主持人李四端先生的訪談。這位二十多歲、看似嬌柔的女孩，談吐間卻有著屬於自己的人生智慧，讓我印象深刻。

很多人終其一生不知道自己想要什麼，想做什麼？

但是，黑嘉嘉在八歲就立志當職業棋士。

不過，立下這個人生志向的過程，並沒有我們想像的複雜曲折。

起因只是因為看了《棋靈王》這套漫畫，看到了主角一心一意想成為職業棋士的過程而被感動，單純地激起了她的志氣和夢想。

一個八歲小女生因為看了漫畫，就立志想當職業棋士？

如果你是她的父母，你會當作玩笑話，還是全力支持？

黑嘉嘉的爸媽選擇以開明教育，鼓勵她探索多方興趣，最後黑嘉嘉發現自己對圍棋情有獨鍾。

人生志向確定後，支撐學習的動能也就此開啟。

於是，黑嘉嘉父母決定陪她一起追逐夢想，成為圍棋路上的重要支柱。

但黑嘉嘉的圍棋老師問她：「成為職業棋士後，每天都要面對輸贏，這是很殘酷的一件事。」、「而且大環境也不是那麼好，你確定要走這條路嗎？」

面對這樣問題，黑嘉嘉一時也沒有答案。

十一歲那年，全家搬到美國之後，沒有了學圍棋的環境，為了下圍棋，她開始上網找對手，而高手棋士多在亞洲，與美國有時差。

「所以我都半夜爬起來上網找人下棋啊。」她就這樣憑藉著對圍棋的熱情，年僅十四歲就正式成為職業選手，堅定地邁向夢想之路。

「現在你這麼大了，你同意老師當初的說法嗎？」李四端先生問。

黑嘉嘉說：「其實是同意的，但我從來沒有後悔過。」

「因為如果我當時不去試的話，我永遠也不知道是什麼樣子。」

「如果當時沒有往這條路走，我覺得應該永遠都會很後悔。」

李四端先生再問她如何增進自己的棋藝？

黑嘉嘉說：「下棋到最後是下一種境界，因為大家技術其實已經差不多了，或許只有看過比較多東西，才能提高自己的眼界與境界。」

因此，她開始在父親的鼓勵下，跨出舒適圈、闖進演藝界。踏上這段她想都沒想過的道路，只為了能追求展開視野、突破自我。

人們常說立志重要，但其實找尋目標與對焦未來從來不是件簡單的事。仔細想想，黑嘉嘉面對人生，全力以赴又不自我設限的生活哲學，其實不也是每個人在職涯路上可以借鏡與參考的嗎？

黑嘉嘉追尋夢想的故事，讓我們知道了追求自己內心答案的意義與重要性。不過你我都不是黑嘉嘉，並不一定早早就能立定志向，知道自己真心地想要什麼、想做什麼？

因此，我們可以學習一些職涯分析的方法論加以實踐（上課、讀書、或看我的部落格都可以），或是可以練習APPLE法則，誠實地聽到內心的聲音，試著慢慢地在自己的人生試卷上動手答題。

但不要追逐那些條列的成功公式，才有機會養成個人獨立思考的心智習慣，讓我們可以掌握機會，應對各種情況。

生命的答案不需冀望一次作對，本來就可以塗塗改改，允許我們犯錯，再從錯誤中學習與成長。

但關鍵是如果不自己動手寫寫看，就難以發現興趣與熱情所在。照著他人建議經營職涯或人生，或許短期生存不成問題，但長期來看，卻是冒了很大的生涯風險；擁有自己的動機和觀點，才能在面對重大選擇時，做出相對正確、不容易後悔的決定，幫助個人定義屬於自己的成功。

職涯發展專家的

布局思維

照著別人的答案生活，你過的是別人的人生；照著自己的答案生活，你才是在過自己的人生。

APPLE 法則

- **Analysis 自我分析**：找一個自己能信任的分析方式，誠實地面對個人優點與缺點。
- **Professional 展現專業**：個人有什麼經驗／特質／能力，是能展現在此工作的專業和潛力的？
- **Presentation 良好表達溝通**：文字與口語都應詞能達意，而傾聽他人與閱讀書籍是很好的練習方式。
- **Learn 學習潛力**：一個人認識問題的深度與好奇心，是學習能力的重要表現。
- **Exposure 能見度**：個人形象影響能見度，了解自己在他人眼中的印象後，才知道如何經營能見度。

善用GROW提問結構，找出真正適合你的職涯道路

「請問教練，你覺得我這樣的情況，是不是該換工作了？」

「這工作也待了四年多，還是不太確定是否真的適合自己？」

「我如果一直待在這間公司，會有更好的發展嗎？」

「請問有什麼方法可以思考我的職涯規劃嗎？」

從事人力資源管理工作，許多朋友面臨轉職時，常會習慣找我聊聊，希望能提供對工作職務的一些看法或建議，幫助他們做出人生的重大決策。

只是數次經驗累積下來，我發現了一個有趣的現象：「人們帶著看似困難的問題求助於你。但十之八九，他們心中早就先有了答案，只是缺乏信心跨出第一步。」

說實在，給人建議實在並不難，但卻不是我習慣的對話方式。我認為，

為對方提出建議，看來似乎在給予他人幫助，但同時也宣告了雙方關係的不對等。

只有善用提問而不是指導或建議，雙方才得以站在平等的立場一同檢視問題，也才能使對方在心理上獲得同等的尊重，並在對話過程中引導當事人自行思考，並讓他人做出決定，產出具體的行動方案。

因此，通常我並不為朋友們提出直接的建議，而是習慣試著用一些好問題，協助他們一步步探索心中的答案。

在對談過程中，我總是問得多、聽得多，但答得少，因為只要有技巧的提問，不需要論述太多的轉職風險和決策技巧。只要提出一些好問題，往往就能打中對方心坎，順利地在一問一答的過程，釐清朋友們內心的渴望，帶著信心展開行動。

好的提問，比答案本身更有價值

我常常分享，好的問題不僅能解決各種人生難題，還能引發他人的自我覺察與責任感，讓提問成為達到目標的利器。只不過，人們花了很多時間學習分析與解決問題的手法，卻忽略了學習如何才能問出好問題的方法。

如何在日常交流中學會提出好問題呢？「教練式領導」（coaching based leadership）中有個經典的對話模型：GROW模型。這個提問結構，能讓人們漸進式地鍛鍊提問力：

+ **Goal（確認目標）：想要達成的目標是什麼？**
+ **Reality（檢核現況）：現在的狀況為何？與目標的差距為何？**
+ **Options（選擇方案）：有哪些方案可移除障礙，達成目標？**
+ **Will（意願行動）：可以採取什麼行動？**

所以，在面對職場工作和職涯轉換這類議題時，其實也能依此這四步驟做出有意義的關鍵提問，幫助當事人了解真正希望從職場生活得到的是什麼。

因此，以職涯規劃來說，我常使用以下各階段的問句，在職涯規劃上有更多的自我探索，並篤定信心、採取行動。你也可以把這些問題寫下來，幫助自己思考內心的渴望與理想，各階段問句參考應用如下：

Goal：在職涯上，短中長期的目標是什麼？

- 請定義一下你在職涯上想達到的目標是什麼？（短、中、長期）
- 所談的這些目標對你人生的意義是什麼？
- 為什麼你會想設定這些目標？
- 你會如何評量這些目標是否達到？你設想會有哪些什麼方式可以衡量？
- 如果沒有達到這些目標，對你的生活會有什麼影響？

Reality：現在的狀況為何？與目標的差距為何？

- 請談談現在這份工作，在哪些部分符合你的目標？哪些部分不符合你的目標？為什麼？
- 針對這些目標，還有嘗試過什麼努力？這些行動曾帶來什麼改變？
- 對於現況，你還做過哪些優劣勢的分析？
- 對於現況，看到哪些機會？又看到有哪些挑戰？

Options：有哪些方案可移除障礙，達成目標？

- 換工作（或不換工作）的好處是什麼？你會得到什麼、或失去什麼？
- 你如何確保換工作後（或不換工作）能達到你設想的職涯目標？
- 除了換工作外，還有哪些方案可以達到你的職涯目標？
- 這些方案的利弊分析是什麼？它們的優先順序是什麼？

Will：你要採取什麼行動？

- 為了達到你的目標，你想採取哪個方案？你覺得需要哪些資源？
- 你預期可能會出現哪些阻礙／限制？如何克服？
- 請你把這個方案拆分成具體的行動步驟，這個時候你的計畫會是什麼？
- 如果用一到十分來表示你完成這個方案的信心（一最弱，十最強），你會給幾分？
- 當達到這些職涯目標後，你想如何慶祝？那個畫面會是什麼樣子的？

當我們開始誠實思考這些問題，並將心中的答案轉換成明確的目標、可執行的計畫與可拆解的行動時，對於未來的人生圖像就不再顯得模糊不清，而是值得期待。

不過要注意的是，這些問題並不是考試作答，一味追求正確性，因此無所謂的標準答案，只需誠實面對個人內心的需求與渴望。

問題目的在於協助挖掘當事人的價值原則與人生理想，不斷提醒對方所做的行動不能偏離目標與願景，才能找到合乎其人生意義的職涯規劃。

工作上，隨著時間的推移，人們難免會因為日復一日的工作辛勞或不愉快、不滿足，而慢慢失去當初對工作的熱情，進而打算轉換工作。然而，盲目轉換職涯所帶來的風險與損失，卻不見得是每個人都能預想與承受的。

當是否轉換職涯、考慮跳槽的想法開始困擾你，造成你的疑慮時，不妨運用 GROW 提問結構做為自我檢視。

這也是自我覺察的好方法，在做重要決定時，冷靜下來問自己幾個問題，然後誠實面對內心的答案，從而做出相對深思熟慮的選擇。

有效的提問，可以帶來好的思路與引導。

如果你看得夠仔細，職場中的成功人士，都懂得透過精準的提問來探索答案、啟發思考及傾聽溝通，因此，「問個好問題，遠比找答案本身更有力量！」相信這個原則人人都適用，也值得我們勤加練習。

職涯發展專家的

布局思維

只要有技巧的提問，不需要論述太多的轉職風險和決策技巧。只要提出一些好問題，往往就能打中對方心坎，順利地在一問一答的過程，釐清人們內心的渴望，帶著信心展開行動。

打造屬於你的原型思維，設計出理想的人生

「教練，我工作了很多年，想再去讀個MBA，你覺得好嗎？」

「我想讀書進修通常是好事，方便請教你猶豫的原因嗎？」我疑惑地問著這個眼前的中年上班族。

「因為考量到MBA學歷或許對未來升遷、轉職都有幫助，可是……」

「唉，現在工作很忙，小孩也還小，需要多看顧，實在不確定這筆錢或時間花下去，是否值得？」

「如果讀得值得，那當然很好，那麼如果你覺得不值得，你認為這樣的後果會帶來哪些影響呢？」我想再多了解他對這項計畫的評估。

「不值得啊！就是會白白浪費金錢跟時間啊，畢竟我已經不是年輕人了，沒有大把的青春可以揮霍，當然要謹慎一些，避免在這項進修計畫失敗，所

以想請教一下教練的看法？」

一次講座的課後交流中，一位資深上班族與我有了上述的對話，也讓我對人生規劃上有了一些想法。

人生，其實本來有千百種的可能性。

生命的活法原有千百種的可能性，但隨著生活習慣的僵化，讓我們不願輕易犯錯、不想面對選擇錯誤後所帶來的挫敗感，導致對於人生選擇的思考也愈來愈單一。

但我覺得不應該提早放棄這些可能性，因為人生本來就可以充滿各種想像。只是，當我們有興趣投入某項生涯計畫時，有沒有一種方式，在我們積極想專注某項任務前，就能預先得知這個選擇可能會面臨的情境，進而減少未來面對真實情況的困難呢，幫助我們提升成功的機會呢？

在比爾．柏內特（Bill Burnett）與戴夫．埃文斯（Dave Evans）所共同著作的《做自己的生命設計師》（*Designing Your Life*）一書中，提供了一個使用「設計思考」的思維模式，打造專屬人生的行動方程式，我覺得是很值得一試的職涯思考方法論。

「設計思考」這套方法論是由著名創意設計公司 IDEO 所提出的，包含了五大設計步驟：同理心、需求定義、創意動腦、打造原型、實際測試。

而《做自己的生命設計師》的兩位作者認為，設計思考中「打造原型」（prototype）的思維訓練，其實不僅適用商業世界中的產品設計流程，也適用各種人生規畫與選擇的場景，能幫助人們快速預覽未來可能的工作和生活情境，協助你做出更好的選擇。

打造原型：為你想要的生涯，快速製作草稿

「打造原型」原本是指在產品設計的流程中，快速地製作一個草稿作品，透過具體呈現的原型，拿來做團隊內部與外部使用者的溝通工具，然後進行不斷地測試與修正，從中收集使用回饋與建議。

「打造原型」的思維訓練並非只能適用在設計流程上。

有趣的是，在這個互聯網的時代，每個人都可以借鏡這套思維模式，把自己有興趣的計畫當作一項產品原型（甚至你自己就是一個產品），藉此取

得測試與回饋。

例如，透過規畫個人成長、展示自身價值、快速地收集各方建議，進而調整、優化自己的學習路徑，讓人生獲得更好的發展。

方法是這樣的：先了解個人的價值觀與人生觀，釐清自己所追求的是什麼，有了確定的人生信念後，會讓我們面臨複雜情況時，變得更容易選擇。

接下來，則針對個人有興趣的項目做一些資料收集或是人物訪談，如果有機會做實況體驗是更好的，上述資訊就是粗略的人生計畫原型。

比如文章開頭的這個例子：你是一個上班族，一直想要在職進修拿個學位，但不確定這樣的進修是不是會花很多時間？課程內容是不是真的符合所需？那麼，打造原型的思維會提醒你，可以試著尋找這個進修課程中是否有熟識的人脈，詢問一下他們就讀的經驗與觀點，或者問一下有沒有學分班，先試讀一學期，更能理解這個課程內容是否符合所需。

又比如說，你有興趣成為ＡＩ工程師，但你不確定自己是否真的適合。那麼，你可以先參考業界對此職務的工作說明，或是訪問一下擔任此職務的畢業學長姊，收集這些資料打造原型，建構一個「ＡＩ工程師可能面對的未來情境」。

然後利用這個原型問問自己：「這是你想要的生活嗎？」、「符合你的人生觀嗎？」更積極一點，還可以爭取相關實作，讓這個原型更加具體，透過親身體驗，提前了解自己是不是真的適合這一個職務。

像上述這類快速打造原型的方法，讓你不至於一下就投入過多資源，初期即使失敗了，也不會損失太多成本，還有機會修正。

建立原型、即時修正，減少未來可能遭遇的挫折

很多時候，在某個目標上取得成功，並不是因為失敗的次數很少，而是因為即時修正的速度夠快。

有些讀者曾問我，「那我該怎麼找到有興趣領域的人脈，向他們請教相關訊息，才能打造原型思維呢？」我的回答是，取得這些網絡聯結，其實沒有你想像中那麼困難。

我們何其有幸，生活在社群網路如此發達的時代，只要你願意上網搜尋，網路社群的便利性，讓我們得以在網路上向各個領域的專家交流與請益，更

容易地尋求外部回饋，預先得知可能面臨的情境，即時修正個人的做法，減少面對真實狀況的挫折與困難。

有句話是這樣說的：

「你不需要等到很厲害才能開始，你需要先開始才能很厲害！」

因此，對於有興趣的人生計畫，試著運用產品思維的方式打造一個未來情境的快速原型吧。事先了解這樣的生活是否符合內心期盼，利用逼近真實情境的體驗過程，幫助我們測試想法，也能以較低的成本探索人生各種的可能性。

如果內心懷抱夢想，那就不應該只有空想，開始動手實踐！試著利用快速原型的模擬與體驗，更進一步去學習與修正，即使面對抽象模糊的未來，也可以有更具體的選擇與行動，實現更大的人生價值。

職涯發展專家的

布局思維

生命的活法原有千百種的可能性，但隨著生活習慣的僵化，讓我們不願輕易犯錯、不想面對選擇錯誤後所帶來的挫敗感，導致對於人生選擇的思考也愈來愈單一。

CHAPTER 2

職場走跳，
你需要知道的事

十 職場上升遷比較快的同事，通常都具備「這種特質」

小時候，數學課就教了我們如何證明「兩點之間最短的距離是直線」這個道理，但當出了社會開始工作後，可能會發現，在很多時候的人際關係、問題解決、完成任務等過程中，能直截了當的一次就把事情說清楚或是直接作到好的機會並不多見。

反而大部分是需要多一些事前規劃、溝通交涉、協調合作的細心布局，甚至有時候要選擇犧牲一些東西，才有機會順利完成目標。

因此，在現實生活中，從A點（起點）直達B點（目標）的最佳方式，並不一定是找出以前數學課所教的那一條最短直線。

比較重要的或許是，不過度執著一步到位的想法，避免事事採取正面對決的攻勢，讓自己在複雜的問題情境中，都能順利規劃出到達B點的成功路線。

即使稍微繞了一下也沒有關係，能夠避開障礙，最終能實現目標才是處在真實世界所需要的，我稱這種心態與技巧為「make it happen」的能力，也就是能「讓事情發生」的能力。

我常舉蘋果公司為例，創辦人史帝夫．賈伯斯（Steve Jobs）被自己一手創辦的蘋果公司趕了出來，後來重回蘋果並且再創高峰的傳奇故事可謂家喻戶曉。

在賈伯斯離開蘋果的時期，這間公司變得什麼都賣，但收益卻是逐年下降。為了達到獲利目標，賈伯斯回歸之後的第一件事，並不是思考在個人電腦領域如何繼續與對手正面對決、激烈廝殺。

他選擇的是繞開這個障礙，評估如何精簡產品線與去除產品庫存，在後來又轉進另一條路線：音樂播放器領域，二〇〇一年推出了大獲好評的 ipod，並且又在二〇〇七年推出以 ipod 為基礎的 iphone，改寫了整個手機產業運作的規則。

結果如我們現在所知的，蘋果再度回歸主流市場，科技王者地位至今難以撼動，賈伯斯「make it happen」的能力令人敬佩。

很多時候，這種能力跟專業知識也沒有必然的關係。比較重要的是懂得如何轉進一個沒有人注意到的路線，找到關鍵點，並且願意調整策略、耐心地迂迴前進，最終達成目標，贏得最後的勝利。

別害怕要花很長時間才能做好一件事，因為我們無法期望好事會在一夕之間發生。

商場的經營策略如此，職場上的個人表現也是相同的道理，若具備這項能力，在生活與工作上，應該會比他人順利一些，相較他人更容易達到目標。

如果你仔細留意，通常職場上升遷比較快的同事，也往往具有這種「make it happen」的人格特質。

我遇過一位負責PM（專案管理）的Mary，她聰明、反應快，更難得的是勇於任事，不會畏懼各種挑戰。

有一次Mary與我分享一段工作經驗，讓我對她「讓事情發生」的能力留下深刻印象。

故事大概是這樣的，Mary負責了一項A產品要讓客戶能夠買單，當所有規格與報價都調整到符合客戶所需，案子也準備結案時，她從側面了解到客戶對某項功能也有需求，而這項需求剛好公司目前的 B 產品也有，只是不確定規格是否符合目前客戶所需，對客戶而言成本也相對較高，不過利潤對 Mary 公司來講當然是比較好的。

Mary 向主管反映從客戶端所觀察到的情況，認為這是有利可圖的一項產品專案，可以向客戶提看看。

不過 Mary 主管認為對顧客來說成本提高，客戶不一定會買單，而且規格需要調整，也將耗費內部許多資源。

這些無形成本和所得利潤互相權衡後，如果客戶沒有下達一定的訂購量，很可能會做了白工，還會產生許多不必要的麻煩，主管認為還是先把這次的 A 產品專案先順利結案就好，B 產品這件事以後再說。

Mary 當然了解主管的考量，不過她認為有機會能為公司獲取更大利潤，也為客戶創造更大價值應該是正確的方向。

但主管都打回票了，如果一直去和主管爭論，對自己也不會有好處。

那 Mary 怎麼做呢？她先將 B 產品規格成本試算了一下，讓自己有一個概念。等到A產品專案結束後，在與客戶吃飯聊天時，「無意間」地透露一些B產品的訊息給客戶，但跟客戶說明這項產品還在研發中，自己也不知道太多狀況，因此也不知道能不能符合客戶所需，建議客戶有興趣的話，可以直接找Mary的主管聊聊，或許能有繼續合作的機會。

你猜，後來公司有沒有順利作成B產品的生意呢？答案是肯定的。

Mary雖然無法直接說服她的主管，但她選擇繞過這個障礙，不正面與主管有所衝突。她懂得伺機引發客戶好奇心，讓客戶主動詢問Mary主管這項產品的狀況，也讓Mary主管有機會當面向客戶說明現況，直接了解客戶的潛在需求。

而Mary也因早先試算過專案成本與了解內部團隊狀況，所以當主管繼續交付給她這個專案時，Mary也就胸有成竹地接力完成任務，為公司帶來更大利益，在升遷的道路上也就更順遂。

有人問過我，「make it happen」真的有那麼重要嗎？我的想法是，若專業工作者具備這項能力，在生活與工作上，應該會比他人順利一些，也比較容易達到想要的目標。

以 Mary 的例子來說，她如果聽主管的話沒有繼續開啟 B 產品專案，我想也不會受到任何責難，畢竟她已經向上反應了，聽命行事，主管講一步做一步，通常也不太會犯下大錯，只是可能失去了難得放大個人價值的機會。想在某件事上取得成功，其實沒有真正的捷徑。當你只想找捷徑時，通常，你找到的只是麻煩。

那麼我們如何培養「讓事情發生」的能力呢？

我想除了要有堅持的心態，能夠有耐心地等待時機、辨別他人情緒與跳脫傳統框架的創意做法，都是需要刻意練習的能力與技巧。

只是，這些能力在講求高壓競爭、懶人包攻略的社會文化裡，似乎愈來愈容易被忽略了。

職涯發展專家的

布局思維

別害怕要花很長時間才能做好一件事，因為我們無法期望好事會在一夕之間發生。

＋職場專業來自基本功的修煉

前些日子，幾位長輩的孩子進入了職場，都遇到了類似的問題：「覺得工作過於單調枯燥，有點做不住，有點想離職了。」長輩們認為孩子這樣的工作態度與上一代所強調的穩定工作、盡忠職守等價值觀，存在著很大的差異。

長輩們知道我在企業內從事人力資源管理工作，不約而同地，希望我能給現在的年輕人們一些鼓勵或建議，讓年輕人知道在職場久待、穩定工作的重要性。

其實我覺得年輕人初入職場，不分世代都會有這樣的狀況。倒也不用特別強調現在年輕人與上一代的不同之處。畢竟面對陌生工作的不適應、不順手，或是真實工作內容跟當初所期待的有所落差，不論職場新手或是老鳥，難免都會有動念離去的衝動。

在抽空與長輩的孩子們聊了一下，我約略歸納年輕人想離職的理由：

比如說「主管交辦的事情太簡單了，只叫我測試軟體，沒有參與研發專案、一點成就感都沒有」、又或是「我是學企管的，每天都在幫忙預約會議室準備開會、協助訂單輸入，根本學不到管理實務。」

這樣聽下來，我覺得年輕人充滿企圖心，很想有一番作為，倒也不是什麼壞事，如果能在學習基本事務的投入度再高一點，那就更完美了！

我當時給這群年輕人的建議大概是這樣的，每一個行業都有需要投入基本功的例行性過程。

對於一個職場新鮮人來說，可能你是理工科背景出身，在校作過許多實驗，也為了將來能投入研發而有所準備；或許你是商管背景出身，透過企業實習而對經營公司有一套自己的管理想法……。

但是請試著讓自己在邁入真實職場的初期時，多一些耐心，不需要太急著有所表現，想辦法讓自己努力學習這個職務所需要的基本功、努力克服文化適應的問題。

如果在真正學到東西前就放棄了，這樣在累積職場專業能力和經驗上，也將會需要更長的時間來磨練，對職涯的成長性來說不一定會比較有幫助。

我曾讀過一份資料，提到台灣工作者平均一份工作在職時間為二十四點二個月，工作未滿三年似乎已經成為職場常態，而台灣百分之十五的社會新鮮人第一份工作做不滿三個月，也顯示年紀愈輕，在職時間也愈短的工作樣態。

我也問了一下這些年輕人，對這個統計數字有什麼想法？

「你跟家裡人一樣，都覺得我沒有什麼忍受挫折的能力吧？」

「你也想告訴我，我跟這些無法在職場久待的年輕人一樣吧！」

「所以，你是說工作未滿三年是很正常的嗎？反正大家都這樣。」

年輕工作者直率的反應，雖讓我有點驚訝，卻也還在意料之中。

「不是的，我只是想告訴你，正因為大家都待不到三年，如果你能待久一點，反而更有機會能讓大家看到你的不同。」我當時是這樣分享給他們的。

原因是，入職的第一年常是在累積經驗，熟悉環境，而第二年則是對工作開始上手，學習如何應變，第三年才是慢慢的經歷了公司的淡旺季，也知道組織的運作模式，開始發揮與創造自己的專業價值。

「如果你能度過前面的二十四個月，那麼從第二十五個月開始，你已經在累積這行業的專業，逐漸能展現與他人的不同之處，為自己的發光開始做好準備。」我提醒他們。

「但是，怎麼知道這份工作真的值得我繼續投入下去呢？」有人這麼問我。

「我不是你，我不知道你對工作的價值觀是什麼樣的？不過，有些工作的確是剛開始也還在摸索，後來愈做才知道自己愈喜歡的。」

我分享了一個故事給這些年輕工作者，或許也能對你有些啟發：

某天我讀到「亞洲最佳女廚師」陳嵐舒的經歷，起初她其實並不知道自己是不是適合走料理這一行，她只是覺得自己對這份工作很喜歡，而且願意做下去。

所以，本來她只是對製作甜點有興趣，在實習時偶然發現「原來做菜也可以這麼美，像個藝術品一樣！」就自己再到廚藝學校進修，然後投入更多的時間學習料理，經過不斷練習再練習，投入了足夠長的時間，慢慢地讓自己在這條路上被認可，開始體驗到料理的樂趣。

後來成為第一位拿下「凱歌香檳亞洲最佳女廚師」獎項的台灣人，背後付出的心血其實不是你我可以想像得到的。

而有些人受了她的故事啟發，就想加入她的餐廳一起學習，即使陳嵐舒已向這些人表明這份工作的辛苦，可是面試時人們都說不在意，願意從學徒開始做起，但結果是只做了兩週就沒有辦法忍受，最終還是選擇離開了。

她體悟到：「如果選擇了一件事，就要把它做好、做完。你說你喜歡，那就證明給大家看，為決定負責。」

因此，初入職場不要怕工作的單調呆板，投入時間磨鍊這行該有的技能，然後想辦法發現這份職務的意義與趣味（更高明的人不只發現，還會自行賦予），聽起來是老生常談，但的確是讓你在職場表現上與眾不同的秘訣。

職場生存的學習之道，有時也可以從電影裡借鏡。

記得幾年前有一部由梁家輝、郭富城所主演的電影《寒戰》，劇中曾出現不少經典臺詞，而其中有一段令我印象特別深刻，在此引述做為文章的結尾，有些人覺得太誇張，但我想不論對職場新鮮人或是多年資深工作者都是可以好好思考的。

「每一個機構，每一個部門，每一個崗位都有自己的遊戲規則。不管是明是暗，第一步學會它，不過好多人還沒有走到這一步就已經死了，知道為何？自以為是。」

「第二步，就是在這個遊戲裡面把線頭找出來，學會如何不去犯規，懂得如何在線球裡面玩，這樣才能勉強保持性命。」——電影《寒戰》

職涯發展專家的

布局思維

入職的第一年常是在累積經驗，熟悉環境，而第二年則是對工作開始上手，學習如何應變，第三年才是慢慢的經歷了公司的淡旺季，也知道組織的運作模式，開始發揮與創造自己的專業價值。

十一 做好這三件事，到職三個月，快速獲取新公司的信任

有天與早餐店老闆聊天，才知道他的孩子也已經步入職場，不過第一份工作待不到一年就轉職了。

「怎麼沒有待多久就決定離開了呢？」我好奇地問老闆。

「唉，剛開始找到工作時，看孩子還滿期待的。」

「可是沒有做多久，就說要從早忙到晚，公司步調又很快，覺得自己不太能適應。」

「那孩子有請教同事或是主管，該怎麼跟上快速的工作節奏嗎？」我問。

「有啊，他每天都有作筆記，下班也有複習，他也不想讓公司同仁覺得自己抗壓性低。」

「但是啊，努力了一陣子之後，孩子還是覺得這樣的工作型態不是自己

想要的。」

「後來也找到另一份工作，他說薪水也比較高，下週準備要去新公司上班了。」

「對了，你不是也在大公司上班？請問你有沒有什麼建議，可以讓我孩子在新工作上，比較容易適應呢？」老闆向我提了一個很好的問題。

我也發現，現在愈來愈多人不再害怕轉換工作，期望透過跳槽和轉職，達到提高薪資待遇與未來發展的目標。

然而，不論是社會新鮮人或是資深工作者，轉進一個新組織，面對的不僅是一個全新的職涯機會，同時也置身於充滿挑戰的探索期。

有人稱這段期間為蜜月期、磨合期或是試用期，這段機會與風險並存的人生際遇，通常不大於九十天。

這段時期對於企業端也是同等重要。有些公司會提供完整的新進人員輔導計畫，讓新人了解公司文化、企業理念等，以儘快適應這段職涯轉換期，在組織內產出預期的績效。

我看過一份資料，內容提到美國總統有一百天的時間證明自己，但新人只有九十天，也就是說，接任新職前幾個月所採取的行動，有非常大的程度會左右你的成敗。

從事一份新工作的好處是，你有機會把過去不好的習慣打掉重練，重新開始做出一些新的改變。但風險則是，你對新職務的工作細節需要摸索，相關人脈也要花時間建立，而且所有人都會拿著放大鏡檢視你的工作成效。如果你在這段轉職的過渡期表現得宜，那麼在接下來的日子裡，就會有穩定的助力推動你前進；如果你在一開始就錯誤不斷，之後很可能就得獨力奮戰。

工作多年來，觀察那些能在這九十天成功取得認同的新進人員，往往不會只仰賴組織所提供的新人輔導，還會提醒自己多做以下三件事，確保對新任職務的正確理解，展現足夠的靈活性，你也可以做為參考：

一、熟讀職務相關的SOP

每份職務都會有職務說明書（job description），或者是標準作業程序（SOP，standard operating procedures）。

這些文件定義了該職務被賦予的工作「內容」和「目的」，並藉由標準作業程序，確保工作的穩定與正確性。詳細閱讀這些書面規範，你會發現每一份說明書，其實傳達了在這個職務上的人員，應有的知識技能，每份SOP更是歸納了組織過往進行專業分工時，曾發生過的經驗和故事。

不過，許多工作者往往選擇忽略它們，詢問交接人員後，就直接埋首於工作，試圖憑藉個人努力快速展現績效。

但只要安排時間審閱這些規章辦法，就能了解組織過往的脈絡與歷史，幫助你快速調整做法和觀念，加快上手、融入組織文化，從中找到自己可以貢獻、且真正對組織有幫助的契機。

二、搭建有效且關鍵的人際網絡

在一個專業組織內，工作經歷與能力固然重要，但搭建關鍵的人際網絡也是不可或缺的軟技能。當接收到一項任務時，試著盤點一下，有哪些人與這項任務有關？有些人過於重視垂直的管理關係（上司主管），而忽略了橫向關係的人脈發展。因此，你可以想一下除了你的主管之外，還可能有誰會支持你完成這項任務？還有誰會影響你的工作進度？又有誰能做為你的顧問良師？找出這些利害關係人物，適時和他們請益、交流。

建構有效的盟友關係，不僅能理解他人對於自己這份職務的期盼，幫助你做得更好，還能在你需要幫助的時候，找到人願意拉你一把。

三、經常自我提問，提取經驗和想法

接任新職，需要適時提醒自己，並不是沿用過去相同的策略與方法，就一定能在現行組織運作順暢。讓自己開始培養一些新技能或是新觀念，不需太快判定組織的現行功能上有什麼是不好的，需改善的，才能了解組織營運的模式與規則。

當漸進地熟悉組織運作，與專業分工的邏輯後，試著有意識地提醒自己進行工作內容評估。比方說，問問自己，已經充分地運用了個人的專業與優勢，去完成工作任務了嗎？在達成工作目標後，學到了什麼有用的經驗？如果下次再接到類似的任務，與他人協同合作時，有更好的做法嗎？

經常性地在一些關鍵事務上進行自我評估，像是做專案、合作、簡報等等，能幫助你更快提取經驗，在看似重複的例行事務中，都能累積一些新的想法，激勵自己不斷向前。

管理學之父彼得．杜拉克（Peter Drucker）曾提到：「人類壽命不斷延長，一個人的平均工作生涯可能長達五十年，而一間成功的公司平均只有三十年的壽命。」

從數據來看，專業工作者的職業生涯，肯定比組織的生命週期長壽許多。這也意謂著工作者的一生，將無可避免地要多次轉換工作跑道：不論是在公司內轉換部門，或是轉職、變換工作。

這九十天的職涯轉換期，其實也是組織內部同事「考察」你的適應期。除了要展現專業能力外，同時還需作好文化融合的心理準備，才能在這個新角色上有所表現、支持組織有效運行，順利為自己在職涯道路上迎來一個新的、美好的開始。

職涯發展專家的

布局思維

經常性地在一些關鍵事務上進行自我評估，能幫助你更快提取經驗，在看似重複的例行事務中，都能累積一些新的想法，激勵自己不斷向前。

不被淘汰的人都有的「第一天心態」

某天早上，研發主管急忙打電話給我，希望我能幫忙慰留他團隊裡的一位工程師。因為我平日和這位工程師還算有交情，這位主管希望我以「職涯規劃」的角度勸說同仁不要離職。

印象中這位工程師在職三年多，工作努力，反應機敏又富有合作精神，許多單位都喜歡與他共事，在研發表現上也深獲主管肯定。

因此，我好奇的問：「為什麼想離職呢？難道是被挖角了？」主管連忙回說：「不是，如果被挖角還好談，升官加薪就是了」「咦，那是什麼原因？」後來才得知，他決定自行創業，想開間咖啡店自己當老闆。

其實我知道要讓這位同仁留下來的機會是非常小的，因為一個清楚自己職涯目標與工作意義的人，工作動機是不會因為周圍人們給的期望或壓力而輕易動搖的，而且這樣的人通常較容易接受生活的改變，而勇敢追尋熱情所在。

不過，我還是答應主管跟這位同仁談談看，至於有無挽回機會，就不是我能承諾的事了。

我約了這位同仁聊一聊，一見到這位同仁，他馬上微笑地跟我打招呼，還等不及我開口，他就說：「我知道你也想留我下來，但可以先聽聽我的想法嗎？」然後，他興匆匆地告訴我為什麼想開咖啡店、未來的計畫與目標、以及他之前已經默默做了哪些努力、已經想好如何運用研發的精神與工作方式，開一間多麼與眾不同的咖啡店。

當他述說著自己的夢想時，眼神閃閃發亮、躍躍欲試，那種充滿自信的神情，一如他專注投入研發工作的態度。我知道，要慰留成功的機會已經微乎其微，專注傾聽與給予回饋才是當下該做的事。若能讓這位深受重用的同仁不帶著抱怨離開。公司留不住人，至少還留得住他的心，或許日後仍有機會維繫這段夥伴關係。

於是，我說了一個創業與創新的故事。

我提到，亞馬遜以長期的創新能力聞名，在一九九四年一本書都尚未賣出時，就說自己是「地球上最大的書店」。二〇〇五年在人們還習慣享受免費服務時，就推出付費會員服務 Amazon Prime，開創了「付費訂閱」的商業模式。二〇〇七年推出電子書閱讀器 Kindle，翻轉人類閱讀習慣，二〇一三年宣布收購華盛頓郵報，將事業版圖跨足媒體。

看得出來，亞馬遜幾乎每隔幾年就有突破性的創新，早就不是一個單純的零售電商。

許多人都會問創辦人傑夫・貝佐斯（Jeff Bezos）一個問題：「亞馬遜持續創新的關鍵到底是什麼？」而答案，就在於貝佐斯提醒自己，永遠保有創業的「第一天心態（Day 1）」。

亞馬遜的創新與成功，來自於貝佐斯的 Day 1 心態

貝佐斯認為世界上的企業分兩種：擁有「Day 1」創業心態的和擁有「Day 2」停滯心態的公司。Day 1 是保有創業「第一天心態」，包含堅持以

客戶為中心、不被工作流程綁架、盡早跟上新趨勢，提升決策速度且保有高品質的工作精神與態度；Day 2 則是企業隨著成長而不自覺走向停滯，對任何事情已經習以為常，不再抱有熱情，而一間成熟的公司可能已停滯幾十年處於衰退（Day2）而不自知。

他認為，擁有「第一天心態」的企業，總是正要開始發展無窮潛力，然而擁有「第二天心態」的企業，早已選擇停止創新，接下來必然將走向衰弱，最終迎向死亡。

我們得知，只有保持「第一天心態」的創業初衷，才能使得這間已成立超過二十年的大企業，至今仍被視為創新標竿。

我提醒這位同仁，既然選擇離職創業，未來不論發展如何，都希望他記得貝佐斯這樣謹守「第一天心態」的典範。

最終，我們當然還是沒能留下這位優秀的人才。研發主管還開玩笑地說：「請你幫忙留人，你居然還講了個故事鼓勵他？」

我當時是這樣分享給主管的：「每個人的職涯道路都很漫長，你可以給他加薪升官，但他的人生夢想與工作意義，卻是現在組織無法給的。起碼這三年他工作績效很好，也已經幫了你許多忙，不是嗎？」

我又不開公司，Day 1 心態跟我有關嗎？

另外一點則是我想分享給讀者的，你可能會想，我只是個上班族，我又不創業，更沒想過要經營公司，「第一天心態」跟我有什麼關係呢？

但別忘記，「每個工作者都是自己『人生有限公司』的CEO」。

或許你不是業務同仁，沒有機會面對外部客戶，但你仍然要為單位的上司、同事這類內部客戶創造價值。

在職場上，每個人都在不停地修煉工作技藝，想辦法優化個人的投入與產出，為組織打造更好的產品與服務。我常分享，經營自己的人生其實可以借鏡企業營運的管理哲學，因為目標與心態才是決定一個人能走多遠的關鍵，時時提醒自己提升個人思維，才得以塑造能到達個人終點的職涯道路。

還記得你心中對工作的那份渴望與熱情嗎？不論決心投入什麼工作，第一天一定都有個夢想與熱情支持著你，還記得那個屬於你的「Day 1」嗎？可是當時間久了，你對什麼事情都已經不再感到好奇，只覺得是一成不變的例行事務，那麼其實已經不自覺地陷入了「Day 2」的心智狀態，開始持久而緩慢的衰退，那麼將會是多麼可怕的一件事。

那麼，我們如何時時提醒屬於自己的「Day 1」時刻呢？

可以先看看貝佐斯的做法，自從一九九七年亞馬遜上市以來，貝佐斯始終把「我們謹守初衷（Day 1）」掛在嘴邊，並且寫在每年年報「給股東的一封信」中。還有，貝佐斯辦公室所在的大樓，就取名為「Day 1」大樓，「Day 1」就是他的座右銘，想盡辦法提醒自己，永遠都要是「Day 1」。

祝福你，職涯不論選擇什麼樣的道路，莫忘初心，存著看不見終點的「Day 1」活力精神，時時避開「Day 2」的停滯心態！

職涯發展專家的
布局思維

經營自己的人生其實可以借鏡企業營運的管理哲學，因為目標與心態才是決定一個人能走多遠的關鍵。

想贏過競爭的同事？別搞錯真正的對手！

一位好友在大型企業任職，對於個人的職涯規劃一直有著旺盛的企圖心，憑藉多年努力，在組織的工作能力有目共睹外，歷年戰功自然也不在話下。

最近，組織因為擴編新事業，浮現了一個升遷高位的好機會。

好友雖然有信心自己會是這個位置的不二人選，但部門內有另一位與他年資、績效都不相上下的同事，他認為如果想進一步升遷，這位同事可能是將來的對手。

我也在大型組織工作多年，處理過許多的人事晉升案，他詢問我有沒有什麼方式，可以讓他贏過這位同事，讓老闆能夠多看到他的表現，在既有的事業軌道，能夠持續向上晉升。

我相信，升遷爬高位的機會，是每個職場專業工作者都有所嚮往的。現實上，本來也是要在同僚間具備相對突出的戰功，才得以讓自己的升遷之路更加順遂。

不過，如果說要給朋友關於這次升遷的建議，其實我沒有什麼高明的方法。我只是提醒他，應該繼續把注意力放在自己的成長與績效上，避免想著如何靠擊敗同事而晉升。因為這樣做，短期來看可能會丟失了自己的目標，長期而言，也降低了個人的競爭力。我會這樣提醒，主要有三點看法：

跳脫競爭思維，才會嘗試發展自己的優勢

觀察成功企業的經營策略，我們會發現那些有著優異績效的組織，從不盲目地跟著對手的腳步。比如說，賈伯期時期的蘋果公司，以令人折服的創新能力聞名，當「功能性手機」被市場大眾廣泛使用時，蘋果並不是研究如何在功能性手機上打敗對手，而是選擇找出自己的優勢能力。後來推出「iPhone 智慧型手機」，橫空出世地展現產品價值，殺出比拚成本的紅海，另闢超越競爭的藍海。

我們常說職場如商場，一直關注對手做什麼，對手的表現如何。那麼，很可能你就只選擇跟著做什麼，你的心思全部放在對手的領域，以期待自己在對方擅長的場域內有更好的表現。但如此一來，卻會忽略了思考自己與眾不同的特色與能力是什麼，那才是個人能夠勝出的關鍵。

其實，唯有專注地評估個人優勢與擅長的機會，才能跳出競爭螺旋，也才守得住自己的目標。

競爭對手可能不是同事，而是來自不同行業領域的高手

另外，從長期職涯發展來看，其實不該只看眼前的對手與舞台。這會逐漸讓我們的目光窄小到只想贏過差不多專長、技能的對手，忘了身處全球化、國際化的人才舞台上，我們正在同時與許多從未謀面的高手競爭。

因為，這個世界的動盪與不確定性已經加速了跨領域人才的流動，未來許多工作已經未必是現在的工作經驗就能夠勝任的。因此，若只看著眼前的位置，或是上一階的職位，可能會被自己固有的成功經驗拖累，而忘了把眼

光放在更長遠的方向。

假設一種情況，好友最終贏過了同事，順利晉升到想要的位置。可是，當他沒有辦法展現這個職務應有的能力時，公司仍然有可能找一個能力更好的人取代他。甚至，這個要替代他的人，有可能是來自其他行業領域的跨界人才。

因此，我們該理解的是，晉升高位本來就是多維度的綜合因素，如果只將注意力過度地放在某一定點或某一對象的身上，長期而言，可能輸掉一場更大的人生賽局。

與其在意對手，不如重視自己能力的成長

賈伯斯曾說：「當情敵送你女朋友十朵玫瑰，你就送十五朵？當你這麼想的時候，你就已經輸了！」因為心思是放在對手的表現上，而不是想著如何回應女友其他的潛在需求與期望上。

我們觀察績效普通的企業，往往喜歡研究對手做什麼，自己就跟著做什麼，然後尋找快速的生產方式、更便宜的製造成本，最後往往落入對手陷阱

之中，因為誤以為只要緊跟對手，就會帶自己找到更多客戶。

可是，優秀卓越的企業會仔細研究，如何做出優化與獨特性的價值，才能回應這個社會的需求，從組織變革中提升能力，做出轉型策略與提升組織的競爭力，而社會也終將回報給這類企業應有的利潤與成果。

比如蘋果的 iPhone 手機，每一代都推陳出新，從革新人機介面開始，以優異的研發能力不斷進化 app store、語音助理 Siri 與指紋辨識等功能，終於成就手機之王的地位。

如果你看得夠仔細，個人在職場的發展也是相同的道理，有沒有什麼是你獨一無二的能力？什麼才是只有你能做，而且做得比別人好的部分？發揮你的優勢，找出個人的特色，然後放大它的價值。

與其把時間和精神花在算計對手，或許，更好的做法是把焦點放在自己的競爭力上和能力的成長上，思考該補足、優化哪些能力，才能走出個人天下無雙的道路。

當一個人向大眾展現了價值與能力之後，伴隨而來的是個人格局與高度的提升，在職涯的選擇與報酬上，也就有了更多的可能與機會。

讓我們再回到一開始的問題：「在職涯的晉升上，有什麼方式可以贏過同事，順利升遷呢？」

我的看法是，不要過度在意同事的表現，而是要思考，想達到升遷目標，個人該如何培養、展現這個目標職位上應有的知識、技能與經驗？

簡單來說，就是聚焦自己的優勢、特色與競爭力，這樣才有機會擺脫組織績效考核的限制，跳脫出競爭螺旋的視角，就有更大的可能達到期望的職涯目標。

注意到了嗎？真正的競爭對手從來不是別人，而是自己。

不想著走小徑，而是邁出個人的職涯大道，只有專注累積自己能力的學習與增長，才會比其他人更加突出，順利攻頂你想要的人生，豐富美好的成就。

職涯發展專家的

布局思維

當你的心思全部放在對手身上，期待自己在對方擅長的場域內有更好的表現。但如此一來，卻會忽略了思考自己與眾不同的特色，那才是個人能夠勝出的關鍵。

不用逢迎拍馬，你也可以學會「向上管理」！

「我和他的能力、績效都差不多，只不過老闆比較喜歡他吧，所以這次晉升的是他不是我！」朋友 John 這一次沒有順利被拔擢為部門主管，心裡很不是滋味。

「為什麼你會覺得老闆比較喜歡他？跟這次晉升有什麼關係嗎？」我問。

John 告訴我：「這還用說啊？這個同事不過就是『向上管理』做得好啊！總是在老闆面前求表現、刷存在感。」、「老闆就是比較喜歡和他聊天，有好機會當然會先給他啊。」、「像我這種只會做事、不懂拍馬屁的老實人，是比不贏這種同事的。」John 說完後，忍不住又長嘆了一口氣。

認識 John 也好幾年了，知道他有跨國公司資歷，又是個對工作自我要求高，在專業上也持續進修的工作者，我相信他的工作態度與能力不會有什麼問題。這次沒能受到青睞而晉升主管的這件事，一定讓他覺得受了很大的委屈。

因為從事人力資源管理多年，我看過許多像 John 這樣自認是因為不願逢迎、不懂「向上管理」才錯失升遷機會的工作者，這些人工作實力與專業顯然是毋庸置疑的。

只是，升遷事實已成定局，當沮喪、不滿的情緒恢復平靜之後，是不是能用其他角度理解「向上管理」這個概念，思索自己能否嘗試做點改變？

其實在職場的人際互動場域裡，與上司有說有笑、互動頻繁，並不等同於巴結奉承。這樣說雖然不見得公平，但在職場上如何被人喜歡，其實也是一種重要的能力。

而所謂的「向上管理」，也只是練習經營與他人的信任關係，學習和對方站在同一視角，發揮個人的正向影響力。

至於在和老闆互動上可以做出哪些改變，贏得更穩固的信任關係，我認為可以從下面三個面向來著手：

一、增加非工作關係的互動：提高存在感、好印象

心理學家曾提出「社會資本假說」，指的是和他人交流後所能獲得的好感和信任。研究顯示，我們與他人在跟工作上無直接關係的溝通與互動，在累積社會資本效果特別顯著。

其實原因不難理解，當你常常在某些主題上作出善意回應、認同他人的行為或言辭（尤其是你的主管），對方容易將對談時產生的美好感覺，與你聯繫在一起。這個動作不僅強化了自己的存在感，也增強了對方的價值感，有助於建立職場上人們對你的好印象。

我們常認為那些和上司走得近的人，不過是猛刷存在感，那只是在老闆面前譁眾取寵，積極找時間和老闆閒聊，討人喜歡，這是沒有工作實力的人才做的事。

現在透過研究，我們可以知道，非正式的「社交交流」，積極給予他人回應，在人們面前顯示存在感，也應視為職場實力的一部分。

二、觀察老闆的習慣：理解需求、建立親和感

影響力教父羅伯特．席爾迪尼博士（Robert Cialdini）在《影響力》一書曾提出喜好原理：「人們傾向喜歡與自己相似的人。」

因此，不論是在觀點、背景、個性或是穿著打扮上，與那些和我們表現出類似行為與風格的人相處，總是能感受到較佳的親和感。

有些人就知道可以表現出相同的行為風格，據此與上司建立起親和感，比如說，報告時刻意使用主管偏好使用的詞彙，習慣的報告格式，喜歡閱讀的書籍主題；當面對不同個性的主管，懂得依照節奏快慢、以人或以事為主的工作習慣進行良好的互動，減少在溝通上的衝突。

其實，這與私人利益為出發點的巴結奉承不同，這類人除了有專業與誠信，更願意調整個人行為與他人合作共事，取得更好的溝通成果。同時，他們正在學習看懂老闆的世界，感受上司的痛點與需求，用更高的眼界與格局理解組織目標與自己工作的意義。

三、管理老闆對你的期待：提升安全感的回報系統

雖然人們常提到向上管理的重要性，不過我們真正能管理的，只有「老闆對你的期待值」。

當上司對你的期待值是正的，在工作上才會有充分的揮灑空間。而期待值其實是建立在給老闆的安全感上，只有學著做一個可靠的部屬才能避免期待值出現偏差。

那麼，什麼樣的人才算是可靠？《羅輯思維》作者羅振宇說得精準，可以看三點：「凡事有交代，件件有著落，事事有回音。」

你會發現有些人大小事都主動向老闆報告，目的就是為了讓上司有安全感，增加在其心目中的可靠性，畢竟會主動詳細交代對部屬有哪些期望的老闆是不多見的。主動回報雖然不代表事情在你手上一定能完全解決，但老闆卻得以掌握事情會被你解決到什麼程度。

當一個人建立足夠強大的回報系統後，老闆更願意授權與交付重大任務，那麼你負責的事情也就愈來愈有價值，就有機會留給主管更多正面的工

作評價。

因此，什麼是「向上管理」？我認為能在想法上影響你的主管，願意調動資源協助你解決問題，甚至賦予你更多的權限達成目標，就是一種向上管理。

如果我們再仔細看，練習發揮存在感、親和感與安全感的正向影響力，這些要點不也適用於所有你關心的對象，比如重要的客戶、朋友、同事與家人嗎？

別輕易被「向上管理」的字眼誤導了，忽略了背後那一層看不見卻需要積極投入與經營的信任關係。

「向上管理」並不是真的要想手段去管理你的老闆，也並非光靠逢迎奉承就能影響上司。如果你像 John 一樣，認為只要成為老闆眼前紅人就等同作好向上管理，才有機會升遷、加薪，那麼希望這篇文章能幫助你有個重新看待與主管相處的觀點，思考如何與老闆培養默契，發揮更大的工作效益，也獲得更多職涯成長機會。

職涯發展專家的

布局思維

有些人大小事都主動向老闆報告，目的就是為了讓上司有安全感，增加在其心目中的可靠性，畢竟會主動詳細交代對部屬有哪些期望的老闆是不多見的。

善用WRAP決策法，跳脫思維舒適圈

「該不該離開目前的公司？」、「是不是要換個跑道」、「該不該接受另一間公司的 offer？」這些問題常出現在職涯規劃的主題當中，我也常被讀者問到類似的問題，我們在職涯中難免會面臨艱難選擇的時刻，該怎樣才能有邏輯地做出有利於長期規劃的選擇呢？

常為美國知名企業提供諮詢服務的希思兄弟（Chip Heath & Dan Heath）曾在《零偏見決斷法》一書中提出了WRAP決策程序，將「做出決定」的行為系統化，避開不理性決策的誤區，形成一套決策方法論。

在選擇職涯道路的過程中，多數人常被不自覺的偏見與情緒所影響。但是，這時候促使個人做出最後決定的，不應該是單純的決心與意志力，而是一套能有助提升決策品質的思考模型，才能幫你做出更為適當的選擇。

WRAP決策程序指的是以下四步驟，藉此避免讓狹義的框架、認知偏誤、短期情緒與過度自信等直覺偏差，誤導大腦落入思維的陷阱。

+ W擴增更多選項（widen your options）
+ R真實驗證假設（reality-test your assumptions）
+ A抽離自我情緒（attain distance before deciding）
+ P準備迎接錯誤（prepare to be wrong）

為了比較清楚地解釋WRAP決策模式與應用，我們可以用職涯中常面對到的一個問題：「該不該離開現在的公司？」來說明這個決策方法論。

W擴增更多選項：只有一種選擇，其實不是選擇

一旦我們考量「該不該離職」、「該不該接受其他公司的offer」時，就已經掉入了選項狹隘的誤區，忽略了其他的可能性。

因此，應該主動跳脫 Yes ／ No 這類是非題的情境，提醒自己創造更多的思考選項。

比方說，當你糾結於是否該離職，這就只留給了自己一種選擇（在原公司留下／離開），你可以省思一下「離職的目的是什麼？」，如果只是單純地想增加收入，離職就不該是唯一選項，因為你可以思考在職也能增加其他收入的方式，這樣就有了第二種選項。

同時，你也應該要有其他想跳槽過去的A公司、B公司的待遇選項，多些選擇，才足以讓人擺脫偏狹的框架。我常說，只有一種選擇，就不叫選擇。但是，面對兩個選擇也容易令人左右為難，只有讓自己擁有三個選擇以上時，這才叫有所選擇。

透過為自己擴展更多選項，就更有機會提高解決問題的成功率。如果你確定選擇離職，且已經有了多家公司的 offer，不知道怎麼抉擇，那麼就試試看下一個步驟。

R真實驗證假設：學習抵抗你的偏好

在分析多個選項時，如果我們已經為某個選項感到滿意，那麼就很容易找到許多支持這個選項的理由，因為大腦會想盡辦法證明這個觀點是正確的，此時我們就掉進了認知偏誤的陷阱。

所以，先別急著用偏好決定，試著讓自己在對各個選項的想法上儘量地發散，最後再逐漸地收斂，會避免直覺過度影響決策。

比方說，當你在原公司、A公司與B公司三者中做選擇，你可以在每個公司吸引你的項目上列出一些問題，然後進行檢驗，像是「團隊工作氣氛是否真的如主管所說的那麼良好？」、「公司的前景與經營狀況有沒有什麼不為人知的問題？」

愈是引起你興趣的，就愈要提醒自己是否存在什麼問題，再透過人脈網絡與社群媒體，尋求他人關於這些問題的看法與建議，幫助你在真實情境下驗證假設，都能幫助你避開執著與偏見。

A抽離自我情緒：站在他人的觀點檢視決策

在決定前保留一點點距離，也就是不要急著馬上決策。人們容易受到短期情緒的影響，尤其是強烈的欲望與焦慮時，都容易讓我們做出很糟糕的決定。此時，抽離自我情緒才能有效地把事情看得更清楚，看見所有選項的輪廓。

比如說，最終你認為高薪的A公司會是理想的選擇，對方也急著要你早點回覆、儘快報到。這時候你還是該緩個一兩天再回覆確認，讓你的情緒平緩下來，不被壓力干擾情緒、思緒更清晰。然後你可以再一次問自己：「如果是我最好的朋友面對這種狀況，我會給他什麼樣的建議？」

實驗研究告訴我們，當你抽離自身狀態，單純是在給別人建議的時候，往往容易聚焦在最重要的事情上；但如果一直從自身觀點看事情，則傾向沉浸在自己的情緒，比較容易被問題本身所卡住。

P準備迎接錯誤：準備再充分，還是可能會疏漏

即便做出了選擇，仍然要以開放的心態迎接可能的錯誤。雖然透過了前三項的步驟產出最終判斷，但許多事件的背後仍藏有諸多不確定性的因素，人們不可能探索完所有的可能性。這時候可以採用「行前預想」（pre-mortem）的方式，先假設事情在未來的某個時機點失敗了，然後問：「是什麼殺了它？」並為此預先準備。

例如最後決定了A公司是你職涯的下一站，但依然要避免信心過度、相信自己一定能勝任而掉以輕心。

你可以設想一下，如果你在這份工作失敗了，可能會是什麼因素造成的？尤其高薪工作通常伴隨著高壓力、高工時，這是就業市場不變的道理，事先沙盤推演與設想未來可能的情況，都會像打過預防針一樣，減少不幸失敗後所引起的挫折與沮喪，進而增加在職涯路上成功的機會。

當前職場環境多變而複雜，我們很難單純地靠經驗或是直覺做出合宜的判斷。如果下決策沒有程序輔助，人們的每一個決定只是依賴決心的強烈程

WRAP 決策的自我提問

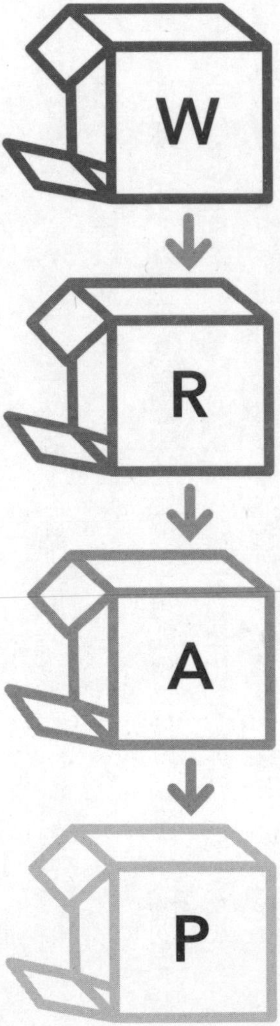

面對選擇

擴增更多選項

Widen Your Options

主動創造選項：

Q：有沒有三種以上的選擇？

分析選項

真實驗證假設

Reality-test Your Assumptions

尋求他人建議：

Q：這些選項是否存在什麼問題？

做出決定

抽離自我情緒

Attain Distance Before Deciding

抽離自身狀態：

Q：如果是我最好的朋友面對這種狀況，我會給他什麼樣的建議？

面對結果

準備迎接錯誤

Prepare to be Wrong

行前預想：

Q：如果不幸失敗了，可能是什麼原因？

度，也可能因此變得鑽牛角尖。

希思兄弟歸納了大量與決策相關的研究並提出這套WRAP決策法，當你面臨選擇煩惱時，不妨運用WRAP程序跳出思考迴圈，也用上述提問降低偏見與情緒所造成的負面影響，突破盲點，謹慎地做出每一個好決定，提升個人的決策水準。

職涯發展專家的

布局思維

在分析多個選項時，愈是引起你興趣的，就愈要提醒自己是否存在什麼問題，再透過人脈網絡與社群媒體，尋求他人建議，幫助你在真實情境下驗證假設，都能幫助你避開執著與偏見。

＋ 減法思維為你帶來長期的人生複利

長輩介紹了一位年輕朋友給我認識，這位夥伴最近有了轉職的機會，他想詢問我對新工作的看法，並希望我能給他一些關於轉職的建議。

「換工作好像有些頻繁？」我看了一下年輕人的履歷，好奇地問他。

年輕人回答的也爽快，他告訴我，這的確是三年內選擇要換的第四份工作。

「人生苦短，如果有好的機會當然要衝一波，累積經歷啊！」

「我待在公司每年才那一點調薪，但只要換個工作至少百分之二十年薪成長啊！」

年輕人覺得每一次的跳槽，除了能增添個人多元經歷，其實薪水也是有機會愈談愈高的。

看來，年輕朋友對於如何轉職加薪已經有一定的心得，轉換工作的經驗也如此豐富，我其實沒能再給出什麼好建議。

只是，和他談完話後，我想到了「減法思維」的概念，也想分享給讀者。

「成長靠加法，成熟靠減法！」不知道你聽過這句話嗎？

很多時候，我們什麼都想要，因為人性本來就是偏好獲得的喜悅，規避失去的痛苦。人們普遍覺得擁有更多，才能得到富足，也相對的提升更多安全感，我稱為「加法思維」。

在人生中多作加法，的確能得到許多機會，當然也能帶動個人成長。畢竟我們從小時候，就不斷的在學習各種加法，面對不同的新事物、新知識，我們渴望探索更多關於這個世界的新樣貌。

當我們開始投入職場後，開始接觸到各種工作機會，如今工作型態也變得多樣，連帶的，選擇看似也多了起來，然而，加法並不是成功的唯一之道。

因為，如果你觀察那些在商場上享有長期利潤的企業，這些組織並不一定是靠著追求多元發展才得以成功。他們並不會盲目的擴張產品線或是投資過多業務而得到利潤，而是懂得選擇在適當的時機，開始作減法，讓自己少些選擇，才更能聚焦在核心能力的精進上。

因為他們了解，唯有能力的成熟才得以伴隨偉大的成就，而這就是減法思維！

商業上有個經典案例，賈伯斯被自己一手創辦的蘋果公司趕了出去後，這間企業變得什麼都賣，收益卻逐年下降。當他再次回到蘋果時，選擇把所有混亂的產品線作一檢視與精簡，最終鎖定推出如 iPod、iPhone 等重要核心產品，讓蘋果有機會起死回生，巨大的影響力持續到現在。

另一方面，也有許多企業具備豐富的資源，積極投入多角化經營，但不見得有很好的營運成果。因為，這些組織不斷的在做選擇，努力的嘗試各種新的投資機會。但始終找不到一個值得專注的產品與服務，所帶來的獲利很有限，金錢與時間就這樣慢慢地被揮霍掉了。

有時想想，我們的人生與職涯，其實不也是一樣的道理？

在我擔任人力資源主管的職業生涯裡，認識了很多具有潛力的年輕新秀，他／她們有良好學歷背景、聰明機智、遇事反應快、學習能力也很好。我與這些年輕人聊過，普遍對個人的未來發展極有想法。

但是長期來看，後來真能達到當初所期望的職業成就的人卻並不是那麼多。比方說，有的人離開了公司，滿心期待得到更好的薪資與職稱，卻總是認為不如人意，於是公司一家換過一家，薪資或許能夠成長，但每段經驗的累積卻是點狀分佈，無法串成扎實的核心能力，難以成就所在領域的專業水準。

一個聰明人有著豐富資源與各種選項，按理說是件幸福的事情。

可是，當一個人有著許多的干擾，不斷的在做「選擇」，他／她就很難有時間「經營」好一件事。

比方說，一段關係、一項技能或是一個專業。到頭來，他／她的成就竟比不上那些看似「沒有選擇」的人。

因為，他／她就這樣慢慢地在過程中，不自覺地把天分與才華揮霍掉了。

而那些懂得作減法的人，則清楚明白「專注」與「堅持」所培養的專業能力，才足以帶來長期的人生複利。

曾有位年紀輕輕就當上事業處研發主管的同事與我分享，他不是名校畢業，沒有什麼人脈背景，也體悟自己能力並不是特別突出，可是他覺得這樣反而對自己很有幫助。

因為他知道，只要能選定一個有興趣的領域，然後有耐心地磨鍊上足夠久的時間，定心定錨做好一件事，他就有機會一路向前，不走彎路，讓自己在這領域成為專家。

「我也沒有其他路可選了啦，只好加入這間公司了！」他半開玩笑地跟我說。

抱持著這樣的認知，這位研發同事在公司總是盡心的投入工作，如果這項產品是他熟悉的，他就大方分享心得給其他部門，一同精進；如果不是他熟悉的，他就自己花錢去進修相關課程，把學到的知識運用在研發工作當中，看看對先進研發是不是能有所幫助

在公司也好幾年了，幾次面對外部高薪挖角，他都不為所動。

「你對公司這麼忠心，都不會想跳槽啊？」我有時也調侃他

「沒有啦，去那邊也是人生地不熟，我不想打掉重練。」

「我沒有什麼好選擇啦，只好繼續賴在公司了。」他還是不改幽默語氣。

就靠著專注與深耕，這位研發主管後來得到的職稱與年薪，早已領先與他同期進來公司的研發同仁，這並不是好運，而是他對於堅持所帶來的投資回報。

我常想，「沒有選擇」這件事，短期看來是吃虧，但長期來看，沒有選擇的人或許更有機會，能夠集中所有時間與精力，專心地、投入地集中在一項事物上，得以成就應有的美好。

漫長職涯路上，把時間花在經營與深耕，而不是不斷選擇，才有機會把精神放在能豐富人生意義的項目。

或許，適當地捨棄與減少選擇的「減法思維」，更能讓我們把職涯的各種選項經營得更成熟吧。

職涯發展專家的

布局思維

那些在商場上享有長期利潤的企業並不會盲目的擴張產品線或是投資過多業務，而是懂得選擇在適當的時機，開始作減法，讓自己少些選擇，才更能聚焦在核心能力的精進上。

十 在職涯中為自己代言，你禁得起打聽嗎？

「Askats，這位就不繼續談了，請幫我再找過 Candidate 吧！」

「能了解為什麼不繼續談的原因嗎？」

看著學經歷都很符合徵才條件的人選資料，我忍不住請教這位用人主管。

「沒有啦，私下透過其他同事知道他以前工作的一些情況，我想可能不適合我們現在的團隊……」

「再麻煩你另外找過人選囉！」說完後，主管又給一個心照不宣的微笑，合作久了大概懂意思，也就不再追問。

從事人才招募多年，坦白說，要找到一個適合的夥伴加入組織共同打拚，還真不是件簡單的事情。因為，決定是否邀請一個人加入團隊，有時並不完全聚焦在人選的專業能力與技術。這些固然重要，但只能當作顯性條件。

更多時候，來自於人選過去所累積的形象與工作經驗的隱性條件，這些也會被當作聘僱考量的條件之一。

這些年的招聘經驗告訴我，關鍵職務、資深職務、高階職務都是如此。

我曾遇過兩位專業在伯仲之間的候選人，而選才的標準並不是誰能在專業上勝過對方，在作了reference check，問了以前與他們共事夥伴們的看法後，我們最終選擇那位專業上或許還要再磨練一下，但與組織團隊合作風格較契合的人選。

因為經過了解後，得知另一位人選在過往經驗上，雖然有亮眼戰績，但以前在跨部門協調的風評卻不那麼受人肯定，而這並不符合組織重視溝通合作的企業文化。

長期來看，當我們想在職涯有所成長，有個非常主觀而且關鍵的條件，就是自己的「名聲」。

既然說是主觀，那就代表不見得公平，但若要有個簡化說法，應該就是「一個人的名聲，禁得起被人打聽嗎？」

我想，各行各業的優秀工作者，都是從沒沒無名的小人物開始，然後用心積累實力，全力以赴，才得以成就個人最終的江湖地位。

比方說，父親很喜歡到一間修車廠去保養家裡車子，他總喜歡說，這老闆他認識三十幾年了。

「他年輕時手藝就很好，報價公道，人又老實，再遠我也要找他啊！」

「老闆現在還是有在學新技術跟充實專業，找他我比較放心啦！」

看來的確也是，幾十年來，修車廠生意愈來愈好，陸續換了幾次比較大的空間，地址也搬到離家裡更遠的地方。父親還是堅持把車開去給這位老闆保養，逢人也總推薦這間修車廠的服務，幫忙打響口碑。

十幾年前幫老家蓋房子的老闆，並不是什麼大建商，就是老闆跟兒子幾個人經營的小公司。幾年過去，聽說老闆房屋建案一期又一期地推出，而且總是很快完銷。有天遇到老闆，我開玩笑地問是因為廣告打得很多嗎？

老闆謙虛地說，「其實沒有錢買什麼廣告，但運氣不錯，總有以前客戶推薦朋友來看，加上戶數不多，所以才很快賣完吧。」

但仔細思考，真是運氣好嗎？

工程背景出身的老闆，總是每天都到工地監工，遇到缺工潮，請不到工人，就自己下去一同施作，堅固安全的建築工程印象，加上細心售後服務，就這樣默默贏得了許多客戶的信任，得以穩健經營至今。

我常想，每個專業領域的工作者，都必須要花很久時間與努力，才有機會獲得他人認同，慢慢建立起良好聲譽，光想真的很不簡單。

但是，我也看過許多專業工作者，並沒有珍惜得來不易的名聲，反而做出傷人害己的事，像是：

◎在位時禁不起外在誘惑，做出了毀壞名譽的事。

◎離開時對怨懟不吐不快，甚至破壞與影響交接。

◎在團隊中個人主義至上，不願意合作解決問題。

◎在工作任務上斤斤計較，只想處理簡單事務。

這些都是老生常談，卻也總被人們輕忽，而不自覺地影響了個人職涯發展。

畢竟我們在一個專業領域愈久，那麼串連的人脈關係網就愈變得廣大，這時候不只是上司、同事在評價個人的表現。可能連自己接洽的供應商、服務的客戶都在某個時刻，會突然成為了決定個人職涯走向的關鍵人物。

有人說，上班族要經營「個人品牌」，最好還要能有斜槓／副業的多元身分，才足以應付這個VUCA的時代（多變「Volatile」、不確定「Uncertain」、複雜「Complex」、混沌不明「Ambiguous」）。

但我覺得，一個人，一輩子，能專注堅持做好一件事，就已經是職人精神的極致。比如說「經營好自己名字」，於所處領域認真謹慎、全心投入，就足以帶來許多機會。

曾有位同事，年紀很輕就當上了事業處主管，我好奇詢問他是工作特別努力嗎？還是掌握了什麼工作的秘訣呢？

同事也大方與我分享，「當一個人精通某項專業與技術，就會有許多求教的機會自動上門。勇於接受挑戰，不要閃躲，積極處理它，就會自動放大你的價值與名聲。」

我這才想起，這位同事其實也並非平步青雲而當上主管，過去幾年，他不斷接受組織指派的困難任務與新挑戰，卻從沒有看到他面對難題而有所退縮，這就為個人贏得了信任與好名聲，晉升到職涯新高峰。

說到底，職場工作者的成名之道，其實在於個人對專業有多堅持，能對他人產生多少價值。因此，先想辦法在組織內變成好手，闖出名號，讓與工作相關的人際關係知道自己的存在。那麼，想要的成功就會在適合的時機到來。

畢竟，很多機遇的臨門一腳，不見得是自己認識多少人，認識哪些人。而是決策者思考這個位置的人選時，能「想起」自己並且「認可」自己。

試著展現自己的能力與價值，在職涯中為個人代言，當豐盛了自己，別人也會搶著豐盛你。

當有一定年紀與職業歷練後，或許我們都可以自問一下。

「在這個商業世界裡，禁得起被人打聽嗎？」

職涯發展專家的

布局思維

在一個專業領域愈久，那麼串連的人脈關係網就愈變得廣大，這時候不只是上司、同事在評價個人的表現。可能連自己接洽的供應商、服務的客戶都在某個時刻，會突然成為了決定個人職涯走向的關鍵人物。

十、注意力在哪裡，成就就在哪裡：專注前進的工作哲學！

Jerry 是某次講座認識的學員，他有著亮眼的學歷，也在知名公司上班幾年了，但他總覺得自己的時間管理技巧不夠優秀，沒有辦法像其他同事一樣同時處理許多事情，展開高速的工作效率，他想詢問我如何掌握時間管理的訣竅。

「請問我該怎麼作好時間管理呢？」

「為什麼你覺得時間管理很重要呢？」我問。

「每次我都會滿心期待的規定自己幾點就做什麼事，該花多久完成，可是……」

「可是都沒有辦法如自己心想的如期完成是嗎？」我試探性的詢問。

「啊，你怎麼知道，我總是會忍不住分心看一下手機訊息或社群網站，其實不容易專注在工作上。」

「那你有想過嗎？其實你該關心的不是時間，而是自己有限的注意力！」

「啊？你是說注意力管理嗎？」

「是的，時間其實無法管理，真正能管理的是你自己的注意力！」我提醒。

不知道你或是身邊的朋友，是否跟Jerry有類似的情況，其實很想認真工作，但總是忍不住追個劇、玩手遊、看一下社群動態。原本應該要專心在某一件事情上，但時間一拉長，可能又被周遭的環境所影響，被各種所謂「臨時」或是「緊急」的事務被迫中斷手上工作。

就這樣一不小心，時間匆匆溜過，再回神時，才又發現自己的心思不知道游移到哪了，離原先要完成的任務目標愈來愈遠。事後又忍不住責備自己，為什麼不能好好專心於當下的事務呢？想力圖振作，無奈下次又是相同循環。

其實現代科學已經告訴我們，分心並不是人們的錯，因為在人類的演化機制中，本來就對周遭環境的動態必須非常關注，才能應付外在環境的大小威脅，而試圖對抗分心這件事，同樣地耗費大量的心智能量。

因此，勉強要求自己維持高度專注並不符合大腦的運作狀態，有時候適當的分心輕鬆一下，甚至有助大腦不再那麼疲倦，慢慢地恢復應有的心智能量。

這樣看來 Jerry 的重點，並不是時間管理技巧的問題，而是自己專注某事的能力，也就是注意力管理的技術。

我們常以為注意力是由自己掌控，但在社群網站與通訊軟體成為人們的生活中心後，其實大多時候，個人的注意力反而是被別人所控制，是掌握在他人手中的。

比如說，電視節目、網路遊戲、電子郵件、社群媒體、智慧型手機……等等。每一項都是令人難以抵抗的分心誘惑，常讓人無法長時間地集中注意力在真正能創造價值的重大任務，只能用零碎時間完成一件件不重要的日常瑣事。

甚至，我們以為自己是出於自由意志地選擇想看什麼電視節目、玩哪款手機遊戲，但其實都是在分心狀態下，無意識地放棄了自己的注意力，免費地將掌握注意力的控制權移轉給電視與網路的內容擁有者，被動地觀看業者主導閱聽的內容。

而人們擁抱分心的結果，雖然滿足了娛樂或好奇，卻也造成生產力因此逐步下降，其實並沒有獲得什麼好處。

以前聽過一句話：「你的時間在哪裡，成就就在那裡。」但在這個注意力稀缺的時代，或許應該強調：「你的注意力在哪裡，成就就在哪裡。」專業工作者應該想辦法拿回注意力的主導權，找回專注的力量，在做出選擇之前，有意識地提醒自己注意力放在什麼地方（或不放在什麼地方），將會決定你是什麼樣的人！

正向心理學家米哈里．契克森米哈伊（Mihaly Csikszentmihalyi）曾提出心流理論（Flow），是指一種在極度專心應對挑戰時，而進入「忘我」的狀態。一旦進入心流狀態，人們的表現將會愈好，愈能超乎平常水準，邁向巔峰成就。

可惜的是，現今生活的外在刺激與誘惑過多，讓我們愈來愈不容易進入心流狀態。

因此，需要練習將注意力拉回到自己身上的技術，讓個人有足夠長的專注時刻。當進入了心流狀態後，就能夠有深度思考的機會，讓自己不論在工作或是生活上，更能創造有效率且具價值的產出。

如何讓自己更有意識地專心於生活與工作，而不是將寶貴的注意力浪擲於紛亂的電視節目和社群媒體上呢？以下是我的三個建議，沒有什麼大道理，簡單而實用：

一、減少看電視與網劇的時間

下班後，看電視節目與網路劇集有時的確是一種消遣，但若花了過多時間觀看，甚至只是不斷按鈕轉台，恐怕就放置了多餘的注意力在上面。提醒自己看待時間的意義，你會發現人生其實有更多重要的選項值得專注投入，才有機會提升生活的品質。

二、練習一個人獨處

試著放下你的手機幾分鐘，忍住那些不時刷手機和看社群動態的衝動。我知道，每次刷螢幕都期待有新東西的愉快感實在很難戒掉，因為我們的大腦就是喜歡這種不可預知的樂趣，但當你開始試著給自己幾分鐘的安靜時間練習思考，你將能逐漸鍛鍊專注的肌肉，提高專注的技術。

三、持續一項喜歡的運動

一整天上班回到家後，我們總想坐在舒服的沙發上，自在地看著電視、滑著手機，感覺這是下班後最適合的紓壓方式了。但許多研究顯示，當你投入一項運動時，不僅也可釋放壓力，更有助於保持頭腦清醒、同步培養專注力。

在這個容易令人分心的時代，能掌握個人注意力的工作者並不多，能意識到不要輕易將自己注意力移轉給媒體網路的人更是少數。但若能管理好自己的注意力，成果將會體現在你的工作績效與生活品質中，也更容易獲得主管的信任與重視。

人們容易被瑣事擋住了真正重要的事情，當你理解到該把注意力放在更有價值的地方，才能幫助你專注前進，或許就能離你心中的成功目標更靠近一些。

職涯發展專家的

布局思維

專業工作者應該想辦法拿回注意力的主導權，在做出選擇之前，有意識地提醒自己注意力放在什麼地方（或不放在什麼地方），將會決定你是什麼樣的人！

CHAPTER 3

想成功，先要懂得自我成長的學習技術

想要成功，先從尊重「專業」開始

某天，家裡牆面需要粉刷，朋友推薦了一位油漆師傅幫忙。我發現這位師傅做工細緻又客氣，施作時也主動做周圍防護，避免油漆沾到其他地方。

我跟師傅聊到，他做事這麼認真，如果有使用社群網站行銷，我可以上去點讚、幫忙推薦。

師傅笑笑地說，一開始的確有經營社群網站，但反而帶來一些不必要的麻煩，後來生意也忙，就沒再使用了。

這引起了我的好奇心。現在不是很流行網路行銷？才能增加更多生意，讓人上門。

沒有想到，師傅說，「從網路吸引到的客人，通常對價格比較敏感，也常拿著別家的報價來殺價。」

「可是，我也不知道為什麼別人可以報低價。我十幾歲就跟著家人開始做，我也不停學習關於這方面的新知識，油漆跟專業技術就是在這個價位，說實在就是賺一些工錢。」

「有時候也會覺得很累啊，我們也算是服務業，假日也是要到客人家裡幫忙油漆，現在年輕人也不太做這行，說太累了，也很難請到人幫忙。」

「有一次想說接看看網路的客人，沒有想到客人挑三撿四，事後還上網說我服務不好，說要給我負評，唉……」

「可是我覺得客人百百種啦，像你這樣的好客人，做起來就會有熱情，更努力啦。」

「其實，我覺得你的做工還滿仔細，也滿健談的啊！」我稱讚起這位手腳勤快的師傅。

「謝謝你啦，我現在就是接客人推薦的生意，像你這間也是之前客戶推薦的，做起來也比較開心。」

「為什麼呢？」我問。「你們是信任我的專業跟經驗才找我啊。而不是因為我比較便宜！」師傅還主動分享許多關於油漆的知識與技巧，我也獲益良多。

專業是什麼？

而師傅這句「因為信任與專業才找我，而不是因為便宜！」。這句話一直迴盪在我的腦海裡，揮之不去。

與油漆師傅聊天，讓我對「專業」這件事有些感想，也想分享給正在閱讀文章的你。

一、不以「成本價」衡量專業價值

許多人習慣說「修個車，只是換零件要這麼貴？」、「燙個頭髮，只是用個染劑就這麼貴？」、「修水電，放根螺絲這麼貴？」、「刷油漆，不過用個漆跟刷子這麼貴？」

說到底，零件與螺絲都不貴，問題在於我們不知道放哪裡，怎麼放。繳出去的錢，其實是在買人家的經驗與手藝，不是只付這些零件成本。

二、尊重他人專業和技術

沒有人會喜歡買到貴的東西，加上網路時代許多物品的價格都能一覽無遺，人們已經很習慣樣樣比價。

但當我年紀愈大，經歷的事情多了，自己也成為專業工作者之後，愈覺得「一分錢一分貨」這句話，的確有其道理。

所以每當現在有需要諮詢專業工作者的建議與服務時，更能體會到他們先前投入多少心力與歲月，才得以成就現在技術，想想當然值得被尊重。

三、專業逐步打底，獲得肯定！

每個職場工作者，都在努力地修煉個人的能力與專長。有些人到了某個階段，因為某些原因開始止步不前；而有些人則是關關難過關關過，不停學習與進化，彼此在職涯成長的差距逐漸拉開，專業名聲的能見度已經有所不同。

那些汲汲營營的人，不一定能獲得心中想要的位置；而某些人則靠著能力備受肯定，讓共事夥伴願意推薦，升遷、工作機會不請自來，轉職路上步步精采。

專業工作者的勝出心態

那麼身為一個職場工作者，我們該用什麼樣的方式深耕個人專業呢？我認為有兩個心態是值得多加練習與實踐的：

一、將技能修煉到頂尖的決心

你有想過自己有無可取代的本事嗎？有想過要達到什麼樣的程度才能稱為熟練，甚至是被稱為專家嗎？或許你可以參考已故 NBA 洛杉磯湖人隊傳奇球星柯比．布萊恩（Kobe Bryant）自我要求的勤奮。

柯比曾獲得過無數次的 MVP，拿過五次總冠軍。有一次柯比接受記者訪問，記者問他為何能夠如此成功，他反問：「你見過凌晨四點的洛杉磯嗎？」記者搖頭，柯比接著說：「我見過，就只剩下滿天的繁星跟籃球空心入網的聲音陪伴著我！」

從此，「凌晨四點的洛杉磯」這句話，成為一個驅動運動員不斷修煉自己的信念，因為柯比高標準的自我要求與成為頂尖球員的決心，才能讓他成為經典球星。

我常跟年輕的工作者分享這句話，不是要鼓勵大家這麼早起，而是提醒在實現目標的努力過程中，每個成功人士背後都有看不到的辛勞，學習看到這一層，體會這種對於勝出的偏執，應用在你所處的專業領域，假以時日，你也能成為一流職人。

二、保持工作的熱情

其實每項工作都有它磨人的地方，所以更需要熱情去抗磨，而熱情常是成功的起點，也是人們邁向卓越的必要條件。關於熱情，我一直很喜歡一個故事：

據說，西元前四四〇年，有一位叫斐迪亞斯（Phidias）的雕刻家要為帕德嫩神殿製作雕像。當雕像作品完成後，斐迪亞斯向市政府請款卻被刁難。政府說：「我們只看得到雕像正面，但你卻連其他看不到的位置也刻了，這樣還要收費？」而斐迪亞斯卻嚴肅地說：「你錯了，上帝看得到！」

斐迪亞斯對工作的執著與熱情令人敬佩，不過故事到這裡還沒有完，一九二七年，有一位少年聽到斐迪亞斯的事蹟，非常受感動，決心一生都要有這樣的熱情與決心去從事自己的志業。

這位少年，就是後來人稱現代管理學之父的彼得．杜拉克（Peter F. Drucker）。現在，你也看到了這個故事，希望你也能常保熱情，凡事只要工作態度不一樣，工作的成果就不一樣，人生勝敗結局自然就不一樣了。

我認為，不論身處哪一個行業，只要能持續修煉個人技能、展現專業堅持，都值得被人肯定。我也相信，在增強專業能力的同時，別人就無法、也不能再以「成本價」來計算個人的專業價值。

那麼，每個人的勝出，都不會是因為便宜，而是因為足夠專業，共勉之。

職涯發展專家的
布局思維

其實每項工作都有它磨人的地方，所以更需要熱情去抗磨，而熱情常是成功的起點，也是人們邁向卓越的必要條件。

沒有「慧根」，也要「會跟」，如何找到帶你進步的良師？

曾經有讀者私訊我一個很好的問題：「我們可以從哪裡找到良師？」希望我能將「可以向誰學」這個學習方法說明得更清楚一些。

這問題問得真好，讓我想到一句話：「沒有慧根，也要懂得會跟！」

因為一般人在離開學校體制，進入了職場之後，已經沒有固定的老師教我們相關的領域知識。但是在職場中，其實有許多人都可以成為我們的學習對象，讓我們得以終身學習，持續進化。

但是終身學習的關鍵，則在於一個人是否有願意虛心請教的特質，跟著學習身邊人們的經驗與智慧，而這樣的學習態度，足以影響一個人未來的職場成就。

「可以從哪裡找到個人的學習良師？」我的想法，是可以從優秀的同事、直屬主管與各行各業的專家中，找到職場與人生的導師，給予個人啟發與引導，或許你可以試試以下的方法。

向傑出同事與朋友學習

職場幾乎是每天花費時間最多，也是我們人際互動最頻繁的場合。因此，建議可以先觀察身旁傑出的同事與朋友，隨時記錄他們值得我們仿傚的優點與行為。

可能是在工作中展現的某項工作能力，某個思考觀點或是某種工作態度，多花一點心思觀察同事們表現卓越的地方，發現值得你學習的特點之後，表現出誠懇的積極態度，在日常的互動中，伺機向這些達人們虛心請益。

一般來說，當你也展現了同等認真的工作態度與能力，也就更有機會吸引傑出的人願意向你靠近，進一步交流與學習。雖然常有人認為，職場上利益糾葛，並不容易交到真朋友。

但經驗告訴我，若是自己也能以誠待人，經過長時間的相處共事，總能碰到一些志趣相投的同事。而當你在工作中需要支援時，也才能從這些人當中找到願意相挺與支持的良師益友。

向直屬主管、Mentor 學習

其次，我認為可以做為職場學習對象的，就是職務上的直屬主管。因為上一階的主管不僅擁有相關的專業知識，而且他們經年累月的工作經驗，使得他們在做人處事與職場智慧上，通常也具有一定的格局與氣度。

更何況，主管通常具有教導部屬的責任，如果我們能展現自己受教的態度，在工作事務上更積極的請益與提問，其實不僅能讓主管留下正面印象，也表達自己的學習潛力與意願，就有更大的機會承擔挑戰，在工作績效上有所成果。

有些公司在作人才的領導力發展時，常會推出所謂的良師計畫「Mentor Program」。一個有心上進的員工，會利用此機會積極爭取成為導生（mentee），而這些導師（mentor），也通常會不藏私地將工作技能與經驗傳遞給後進。

如果你的公司也有類似的培育計畫，高度建議爭取加入，不僅能學習導師的專業技術，也可拓展個人的思維與視野。

工作以外的行業專家學習

第三個尋找良師的場域，則是工作以外的行業專家。也就是當你有興趣投入某項領域時，你所聽聞過的知名行家。

在過去，一般人要能接近專家的困難度實在是很高，更別說要進行交流請益了。

但現在有了社群媒體之後，許多專家都擁有個人帳號，做為自媒體的宣傳與發聲管道。除了瀏覽這些行業名人的社群動態，不僅能讓我們能掌握即時資訊與汲取有用知識，其實也增加了與這些名人專家互動的機會，得以接觸到在現實生活中難以接近的達人。

有個方式值得你試試看，關注你有興趣的領域專家的個人社群。如果對方有出書或是演講／授課，可以試著在看完書或是上完課後，寫一則有所啟發的個人心得，再附上能讓專家簡單回覆的問題，做為開啟雙方對話的訊息。

通常，專家們不太會拒絕用心、誠懇的粉絲，只要有禮貌的虛心求教，往往會得到善意的回應。時間久了，甚至可進一步邀請成為社群朋友。

只要能善用這些社群網路，就可以讓我們在網路上向各個領域的專家交流與互動，讓這些行家們構成個人的智囊團、顧問團，不僅能將學習範圍擴大，也能向最頂尖的專家尋求回饋與建議。

除了以上方式，我們還可以在很多層面去尋找自己的良師。不過，在找到人生導師之前，仍然有些地方是要注意的。

比如說，《刻意練習》的作者，安德斯．艾瑞克森（Anders Ericsson）就提醒：「有許多成就非凡的人是糟糕的老師，因為對教學毫無概念。」

也就是說，不要過度迷信於領域專家的過人成就與知名度，應該關心這位行家是否擁有教學的觀念與技能。

一個具有教學能力的老師，能夠辨識出學生的表現，並明確說明要注意的部分與常犯的錯誤，才能協助學生修正弱點，有所成長。

另外，美國投資大師華倫·巴菲特的黃金搭檔，查理·蒙格（Charlie Thomas Munger）曾說過一句話：

「要得到你想要的某樣東西，最可靠的辦法是讓你自己配得上它。」

雖然，我們都希望從良師身上獲得回饋與建議，但也不要忘了持續的提升自己的知識與技能，思考「如何才能配得上這樣的人生導師？」才能讓難得的師徒關係得以長久。

畢竟人與人的互動，通常也存在互惠與交換的關係。如果一味地只想從他人身上獲得你想要的，卻從未思考能提供給他人什麼價值，那麼這樣的人際關係通常難以保持。

因此，當你能找到一位人生導師時，別忘了也讓自己不斷變強，給予良師們你在成長的回饋，讓他們看到你的進步，教學得以相長，雙方都在這段關係中獲得滿足。

試著找到你的良師們，跟著學習他們的優點與專長，讓這些導師們做為人生旅途上的一盞盞明燈，你學習的愈多，點亮的燈就愈多。最終，你就會照亮屬於自己的方向，走出不一樣的道路！

職涯發展專家的

布局思維

如果我們能展現自己受教的態度，在工作事務上更積極的請益與提問，不僅能讓主管留下正面印象，也表達自己的學習潛力與意願，就有更大的機會承擔挑戰，在工作績效上有所成果。

＋ 為什麼學了這麼多道理，人生仍沒什麼改變？

「你覺得這個課程怎麼樣？是這領域的名師耶！」Maggie 看著剛出爐的報名資訊，興奮地詢問我的看法。

「我覺得學習都是對自己有幫助的，但你上次不是有上過這老師的課了？有什麼收穫嗎？」

「收穫很多啊，而且這是進階的課程，應該又有新的知識可以學習了！」

「那你覺得對生活或是工作有什麼幫助嗎？或帶給你什麼改變嗎？畢竟這一堂課也不便宜。」我提醒 Maggie。

「我覺得幫助很大啊，自我投資是最重要的，費用我覺得沒有關係啦。」

「但是我感覺不到你有作出什麼應用或改變啊？」我心想著，但沒有把這話說出口，生怕澆熄了她學習的熱情……

不知道你身旁是否也有像 Maggie 這樣的夥伴，對於自我學習相當地有熱忱，可以說對於獲取知識這件事展現了某種程度的狂熱。

這種學習者總是不停的上課進修、或是購買大量書籍閱讀，對時下流行的學習主題多能滔滔不絕、侃侃而談。

只是，你從他／她的言行舉止中，卻感受不到這些朋友在上完課與讀完書後的思考與行為模式上有什麼不同？

學習的知識是不是愈多愈好，我想這因人而異。

不過有一點是肯定的：如果只是浸泡在大量輸入的知識當中，而沒有找到輸出知識的方法，讓知識能與經驗相互連結，頻繁的應用在生活場域裡的話，結果往往是轉身就忘，無法在知識與技能獲得更進一步的提升，自然也就不會在思考與行為上有所改變。

那麼，如何為所學的知識找到出口？或許可以透過以下四個練習，有效進行知識的掌握與輸出，逐漸地將知識內化成個人能力。

省思筆記

最簡單的方式，是從省思的心得筆記開始寫起。

比如說，當我們看完了一本書或是上了一堂課程，除了整理重要的關鍵觀念，也可以在書本或講義的內頁寫下這三個提問，用於當下的自我省思：

1.個人的閱讀／上課感想是什麼？能帶出什麼延伸心得與思考的問題點？

2.是否有其他資源（詢問專家／延伸書籍與課程）能擴大或深入進修計畫？

3.所學的關鍵觀念如何應用於現實，有哪些可以實際應用的行動要點？

不是只有被動地去理解知識，而是誠實地將自己面對系統化知識所得的感想與反思精簡地記錄下來。

以個人省思筆記的方式，就能深入了解自己在某個知識領域既有的假設與偏見，接著思考工作與生活上的實際應用點，更能有效地消化所學習到的知識。

公開寫作

隨著省思筆記的逐漸累積與投入，個人開始能對某個知識觀念產生不一樣的看法，若需要用較長的篇幅來論述一個概念，就可以開始嘗試公開寫作。

在寫作的過程中，可以訓練獨立思考的能力，學習如何分析一個概念、形成獨特觀點與洞見與有效表達想法。

透過寫作的練習，不僅可以將知識進行整合與總結，讓知識深刻烙印在腦海，更有機會能夠傳遞思想、影響他人。

現在透過部落格與 Facebook 等工具都能便利的發表文章，若是能夠獲得讀者的共鳴，也能取得他人對於所提論點的回饋與建議。

透過寫作讓知識輸出，讓他人觀點幫助自己反思，得以對所學知識點作再次的檢視與解釋。

除了筆記與寫作之外，或許教學與行動是為知識找到出口最有效的方法了。

不同於筆記與寫作的「紙上談兵」，每當你試著解釋或是實踐這個概念一次，就是有意識地提醒自身處事，應該要能與理解的知識概念有所連結，從而調整個人的行事準則。

教學練習

這裡指的教學，不見得是站上講台面對一群學員公開講授課程才叫教學。我認為，只要是有機會能夠增強他人對某個概念的認識，都是一種教學。因此，當透過閱讀或上課而學到了某個知識概念，想確認一下自己是否真的理解這個知識點？

你可以主動爭取在企業內部作一個主題分享，或是試著主持一個讀書會。甚至，若對於公眾表達具有相當自信，利用時下流行的網路平台進行講授影片的上傳或是作個網路直播，都是很好的教學練習。

分享之後，問問他人對你所陳述的概念是否清楚？是否強化了別人對這項知識點的理解或記憶？

若對某個知識點一知半解，是無法完整地向他人解釋與說明的，只有明確地對一個知識概念清楚了，才有機會進行系統化的教學。

而在教會別人的過程中，自己也可能發現對於既有知識有所不足的地方，並且學習調整表達方式，持續進步。

行動實踐

而行動實踐，指的是活用所理解的知識與觀點，積極尋找機會應用於工作與生活當中。

例如，你學習了簡報技巧的知識，那麼就開始將所學觀念使用在個人的簡報表達、你學習了人際關係的主題，就開始在日常的對話情境中練習傾聽與溝通。

不論是閱讀或是進修，都應借用所學到的觀點來勤加實踐。試著將所學用來連結與比對個人的生活情境，實際地應用於提升個人的知識與技能。

在所學知識與現實生活相互驗證的過程中，也能再度轉化為自己的實務經驗與處事智慧。

當學到了某個知識點，不論在學習的當下印象有多麼深刻，時間一拉長就容易遺忘。

只有透過實踐將所理解的知識擇機使用，讓大腦與身體習慣學習後帶來的改變，才有更大的機會能啟發思考，改變我們的行為。

現代人每天吸收很多資訊，甚至有時花了大把鈔票與時間汲取系統化的知識，如果只是單純地追求個人內在心理的豐富，最終卻沒有在行為與思想上作出改變，這其實是有點可惜的事情。

因此，如何才能達到學習成效？

或許重要的並不是輸入大量的知識，而是為你吸收到的知識找到出口，養成輸出知識的習慣與行動。

利用上述的四種練習方式，將知識經由自身的消化後，透過思考與交流，從自己的角度與觀點表達出來，甚至是身體力行而有所展現，讓自己不只是

「說到」還能「做到」，才能將知識理論轉化為個人能力，有效在生活中自我加值，也有機會讓人生愈過愈好。

職涯發展專家的

布局思維

如果只是浸泡在大量輸入的知識當中，而沒有找到輸出知識的方法，讓知識能與經驗相互連結，頻繁的應用在生活場域裡的話，結果往往是轉身就忘，無法在知識與技能獲得更進一步的提升。

想擺脫「選擇障礙」？你可以使用的三大分析工具！

「請問我最近在找工作，但不確定該選擇哪一間公司，如果接受了這家，會不會之後又有更好的 offer 呢？」

「我正在找尋自己的第一份工作，但我不知道該給自己多長的時間去找適合的工作？」

「有一間公司開了一個很不錯的薪資條件，而這職位也符合我的期望，我很想立刻回覆接受，但會不會又太衝動了呢？」

以上是關於求職、轉職的各種選擇問題中，歸納了我最常被問到的幾種主題。在生活中難免會碰到各種選擇，但我們常因為資訊不足、不想錯過又害怕後悔的矛盾心理，不自覺地陷入兩難，無法明快地做出決定。

儘管決策科學的理論模型愈來愈豐富，探索如何做出正確決策的分析工具也琳瑯滿目。但有沒有什麼樣的心智模式，是相對容易幫助我們降低選擇的時間與風險，做出更適宜的行動方案呢？

最近讀了幾本書，恰巧都提到了關於做出好決策的原則，我想分享給你，或許能減少你在職涯或是人生中的選擇障礙。

37%法則

探討決策過程有一個最重要的面向是：「何時該停止考慮？」比如說我們初次求職、轉職找工作，或是尋找人生伴侶、想買一間房子。我們常會想，到底要給自己多久的時間作考慮呢？什麼樣的時機點做出選擇，才能避免過早決定，又或是尋找太久而錯過了黃金時機？

關於這點，由布萊恩·克里斯汀（Brian Christian）與湯姆·葛瑞菲斯（Tom Griffiths）合著的《決斷的演算》提到了一個37%法則，我覺得非常適合做為理性分析時機點的考量，它的做法是：「以37%的時間花在拓展考慮和參考的範疇，確立基本滿意的標準點，而剩下63%的時間用來選擇第一段基本滿意素材中的最優方案。」

這是什麼意思呢？比方說，你開始準備找工作，並期望能在兩個月內（六十天）找到合適的工作。那麼可以用第一段37％的時間（也就是二十二點二天）多去面試、但先不下決定，觀察這段期間哪個工作機會是你認為最好的選項，當你發現了滿意的工作機會，就可以把它當作一個「基本滿意標準」。然後從第二十三天起，當開始遇見一個優於這個基本標準點的好工作，那麼就可以明快地做出決定，為自己拿定主意。

至於為什麼是37％這個數字？

這是由許多數學家不斷計算論證得出的結果，它並不能保證你一定能找到最好的工作，卻能幫助你避開太早（或太晚）下決定導致後悔所產生的不愉快。

抽離自身情緒的旁觀者思維

當然，有時候你可能也會因為拿到了一個在薪資上不錯的 offer，但工作內容與其他機會相比，反而沒有那麼符合期望，這時候興奮與衝動的情緒，很可能會讓你忘記思考其他面向，進而作出了不理想的決策行為。

希思兄弟（Chip Heath & Dan Heath）曾在《零偏見決斷法》一書中提及，面對兩難的困境，最大的敵人常是我們的短期情緒。所以人們常說，若存在非理性的情緒時要做出重要決定，應該留到第二天再決策，這不是沒有道理的，因為這有心理學理論做為依據。

除此之外，還有一種思考方式也能提醒自己克服自身情緒帶來的影響。希思兄弟引述了蘇西・威爾許（Suzy Welch）提出的10／10／10提問架構，當你對某項重要決定感到猶疑苦惱，不妨運用以下三個問題進行思考：

一、10分鐘後，你對這個決定會有什麼樣的感受？

二、10個月後，你對這決定又會有什麼樣的感受？

三、10年後，你對這決定又會有什麼樣的感受？

或許你已經注意到，這其實是一種與決策保持一定距離的旁觀技術。透過三個時間尺度的分析，可以幫我們將情緒分成不同層次，把時間拉長後，就能仔細檢視內心想得到的結果與可能狀態，降低複雜情緒的影響，看到更寬廣的未來。

因此，當你面對某項決策情境時，你可以注意當下情緒是否已經受了影響而有所波動，那麼讓自己冷靜下來並且思考長期結果所帶來的可能感受，其實是相對有利的決策模式。

回到價值觀：什麼才是最重要的？

只是，不論我們學到哪些促進理性的思考工具，能夠客觀地分析各種選項所帶來的利弊得失，到最後仍可能面臨無法用單純的數字計算而進行決策的困難情境。這時候只能回到個人或是組織的核心價值觀來考量，才不至於陷入糾結。

比如，星巴克傳奇執行長霍華・舒茲（Howard Schultz）在《勇往直前：

我如何拯救星巴克》中提到，二〇〇九年的金融危機時，星巴克股價因為跌破十美元，股東們強力要求削減相關成本，首當其衝的是員工的醫療保險福利，據統計一年支出高達兩億五千萬美元。

上市公司本來就需重視股東權益，舒茲也要為公司營運績效負責。但舒茲認為，砍掉醫療福利對帳面獲利有幫助，卻可能輸掉了無形的企業文化與員工間的信任。

這樣的選擇，對其他CEO或許看似兩難，但面對這樣的決策，舒茲果敢地下定決心，絕不考慮取消這項福利。對他而言，這項決策明顯是將成本效益放在優先，但若回到星巴克的核心價值觀作考量：照顧好員工才是最具優勢的競爭力。

所以，當遇到客觀數據分析已不足以輔助決策時的選擇情境，不妨問問自己，究竟什麼對個人才是最重要的考量，那就是個人的價值觀，良善的出發點或許永遠超越單純數字統計的效益。

不論組織或個人，我們都希望能做對決策，最好是能善用分析工具避開重重陷阱。但當你的考慮時間有限、期望避開不理性行為或是已經無法單純用數字得知優劣時，文中所提的37％法則、10／10／10提問與明確價值觀的選擇模式，或許可以幫助你更果斷地做出決策，精進個人的決策思維。

職涯發展專家的

布局思維

當你面對某項決策情境時，你可以注意當下情緒是否已經受了影響而有所波動，那麼讓自己冷靜下來並且思考長期結果，其實是相對有利的決策模式。

除了工作，什麼才是人生中最重要的事？

當準備邁向新的一年，許多人就會開始設定新的年度目標與計畫，開始想像可以達成哪些新願望，並鼓勵自己立下行動方案，為實現夢想，挑戰自己而努力，這點連名人也不例外。

比方說，Facebook的創始人馬克．祖克柏（Mark Zuckerberg），每年都會公佈個人年度目標，從二〇〇九年開始的新年目標包括了：每天打領帶、讀二十五本書、學習中文、跑三百六十五公里、走訪美國每一州、每天寫一封感謝信等等。

在二〇二〇年的富比士全球富豪排行榜中，祖克柏貴為全球第四大富豪，身家也超過一〇二四億美元。在很多人的心中，他已經是人生勝利組的代表，生命中還有什麼值得追尋與挑戰的呢？

我們可以從他堅持每年給自己一個目標，看出他想傳給大眾的訊息：「持續自我成長、努力成為一個更好的人、成就一個更成功的企業！」

祖克柏歷年的挑戰主題也給了我們一個啟示：優秀的職場人士不會將工作績效當作唯一目標。就像祖克柏一樣，明白人生其實還有許多需要等著被滿足的項目，不應忽略或捨棄。

然而，人們的精神與資源並非毫無限制，如何在新的一年找出最想改變的事情，確認這是值得自己付出努力的目標呢？有時候目標的確不容易馬上想出來，尤其現代人常覺得生活忙亂、時間也不夠用，不容易靜心自問：「什麼才是人生中最重要的事？」

這時候，或許「生命之輪」這個思考工具，可以幫助我們在設計人生目標與釐清自己的價值觀時，從中找到一些靈感和啟發，有助人們將思考範圍擴大，在內心世界產生一些畫面後，再從中找到改變的線索，作自己的人生教練。

操作「生命之輪」的方式是採取自我評量方式，針對在八個基本生活領域（如圖），分別進行一到十分的滿意度排序：一分為最低分，處於靠近圓心位置；十分則是完美的分數，處於輪子邊緣，代表在該領域表現最為滿意。

- **事業**：個人職涯發展或是工作狀況
- **金錢**：個人目前的財務狀況（收入支出、投資理財）
- **物質環境**：物質上的生活條件與滿足狀況
- **個人發展**：個人學習成長與自我提升的狀況
- **健康與娛樂休閒**：身體健康與心理狀況
- **社交生活**：人際互動與交友狀況
- **家庭生活**：與家人互動相處狀況
- **信仰**：重視精神層面與反思

根據個人在這八個方面的滿意度按十分制將分數標記在圖上，再把八個點連接起來後，就可以依據排序結果找出可以努力改進的方向。

接下來，可以開始自己回答以下這幾個問題（如果你願意與家人、朋友

運用生命之輪，做自己的人生教練！

生命之輪

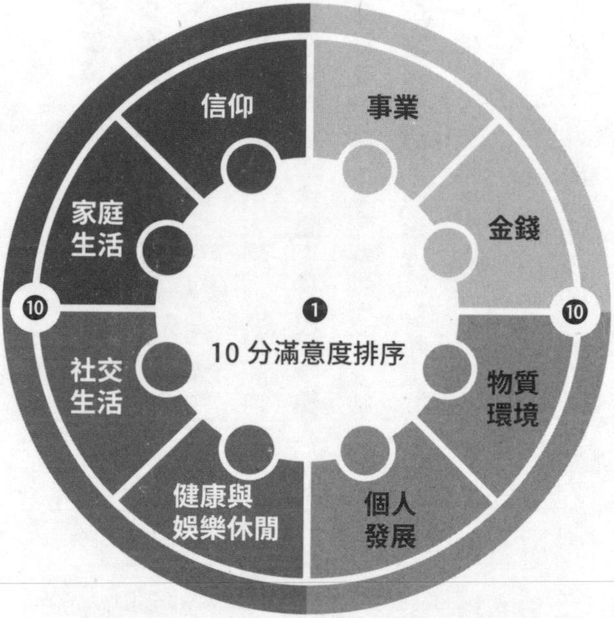

談談得分最高兩項與得分最低兩項，什麼原因讓你有這樣的分數？

目前最想改進什麼項目？原因是什麼？

如果要把 XX 領域的滿意度從 X 分提升到 X 分，可以做什麼努力？

如果對 XX 領域的滿意度是滿分，想像那畫面會是什麼？

一起練習，則是互相提問／回答）：

1. 請談談得分最高的兩項與得分最低的兩項，是什麼原因讓你有這樣的分數？

2. 當進行排序的時候，有哪一項評分是需要讓自己思考比較久的，原因是什麼？

3. 當進行排序的時候，有哪一項是讓自己可以很快做出評分的，原因是什麼？

4. 這幾項中，有哪一項是目前最想改進的？原因是什麼？

5. 這幾項中，有哪一項是你覺得不需要花很多力氣，就能夠有很大進步的，為什麼？

6. 如果要把××領域的滿意度從×分提升到×分（或滿分），你覺得可以作哪些努力。

7. 如果對××領域的滿意度是滿分，你能想像那畫面會是什麼嗎？

曾有一位朋友使用生命之輪評估生活滿意度，於是認真的思考每個方面並做出評分，而他在「事業：個人職涯發展或是工作狀況」的評分只有七分，他想知道自己該怎麼樣作才能更好。

於是我問他，「是什麼原因讓你在這部分的評估是七分，而不是十分呢？」朋友告訴我，因為對目前的薪水並不算滿意，有時會想要靠離職找更高薪的工作。於是，我又再問「你有想過，除了離職之外，還有什麼方式可以增加自己的收入，達到十分的理想狀況嗎？」

他想了想，覺得自己是個英文能力還不錯的客服工程師，常需要國外出差，而爭取出差，其實也能為自己多些收入，還能增廣見聞。

「那麼，還有哪些增加收入的方式嗎？」或許是對賺錢這件事愈想愈有興趣，他開始對增加收入這件事充滿想像力，陸續提到了當國外代購、當線上外國人的中文家教、或是擔任公司內部講師賺講師費……等。

我問他，如果這些行動方案都能達成，那麼離職還會是唯一選項嗎？他搖搖頭，仔細想想現在工作也算穩定，學習機會也算多，同事與主管的相處也很融洽，但真的要說離職的話，其實也有很多不確定的風險，或許剛剛思考的方案，就能為自己創造業外收入，也就不一定要另找工作了。

「所以，你可以再思考一下，如果要作代購、當講師，你需要再作哪些努力？可以依此一層層地解析下去並做出行動！」

我提醒朋友，想要付出的這些努力，就可以當作新年度的行動計畫，目標就是讓自己在這部分達到十分的滿足狀態。

「你想想看，如果達到十分，那個畫面會是什麼？」我再問。

「哈哈哈，那就表示我也是個斜槓青年啦！」朋友開心地回答我。

「生命之輪」的練習可以幫助自己察覺目前的人生狀態，進而設下目標與要努力的方向。分數的評估，是為了讓自己能誠實地回答目前自覺的生活狀態，當我們藉由各領域滿意度分數的排序，察覺所面對的挑戰或問題後，就可以選出最想改變的區塊，為此設立目標，朝想要努力改善的方向前進；而上述這些提問，用意則在於透過自我澄清，開始思考可行的策略，以做為擬定具體方案與專注目標的行動方向。

八個領域其實也有許多好問題可以再作釐清，大家可以用「生命之輪」做為關鍵字作一些搜尋，有興趣的話，不妨花個十分鐘試試這個簡單而實用的工具，建立自己的人生地圖，每一年都能朝著滿足與平衡的目標邁進。

職涯發展專家的

布局思維

優秀的職場人士不會將工作績效當作唯一目標。而會明白人生其實還有許多需要等著被滿足的項目，不應忽略或捨棄。

聚焦「影響圈」，有效擺脫負面情緒

「現在景氣很不好，業績難做！」、「任務太多，同事又不配合，實在很麻煩。」、「最近總感覺在原地踏步，面對未來沒有方向……」你常聽到這些話嗎？又或者，你自己也常說出這些話？

每個職場工作者都渴望達到目標，但現實中難免會碰到問題，讓我們產生迷茫和無奈，連帶地有了消極、焦慮的情緒。

這些負面情緒容易讓人陷入一種「無從選擇」的心理錯覺，認為一切狀況都是因為「環境」、「命運」、「背景」所造成的宿命，而忽略了個人可以控制與改善的事情。

那麼，在遇到困境時，有沒有什麼樣的思考工具能讓我們擺脫負面情緒之苦，面對抱怨與困難能快速調適，專注在自己能改善的部分呢？

關於這點，我想與你分享兩個心理原則，第一個是斯多噶學派（Stoicism）的「控制二分法」，第二個則是史蒂芬．柯維（Stephen Covey）的「關注圈／影響圈」。

斯多噶學派的「二分法」：關注在你能控制的事

斯多噶是兩千多年前從希臘傳進羅馬的一個哲學流派，主張人們應該保持理智、堅忍不拔、追求內心寧靜，不輕易被恐懼、憂慮、悲傷等負面情緒牽動。

一個斯多噶派的信徒（Stoic）懂得如何善用悲觀的力量，凡事首先設想最壞的結果，讓命運無常這件事降低對自己的心理傷害。

斯多噶哲學不一定為人所熟悉，不過如果提起「哲學家皇帝」馬可．奧理略（Marcus Aurelius）或許就為大多數人所知曉。他被譽為古羅馬黃金時代的五賢帝之一，深受斯多噶哲學的啟發，執掌大權數十年卻沒有被權力所迷惑，還寫下了與自己內心對話的札記，原書名是《我與自己的對話》，後人則改為《沉思錄》，這本書被視為斯多噶學派的代表作品。而奧理略在《沉思錄》一書中主張「你所掌握的就是你所能控制的」，也就是將面對的事物區分為「你所能控制的」與「你無法控制的」的兩部分，面對挫折才能取得內心的自在與平靜。

比如說你一直希望得到主管的肯定，為你加薪、升職。但事實上，這並不是一件你可以完全掌握與決定的事情，有可能努力了很久，卻因為其他不可控的因素而與升官發財擦身而過。如果過度在意不可控因素，心理就會感到煩惱、沮喪與不安。

面對困境，你可以參考斯多噶學派做二分法分析，一邊寫下個人可以控制的事情，例如設定的年度目標與個人處世的價值觀、面對事物的內在情緒與應對態度是什麼、你如何投入精神與注意力的自我管理方式；另一邊寫下你無法控制的事情，例如未來的經濟景氣、公司營運成果、組織現行狀況等。

當你盡力做到自己能做到的事，專心控制自己能控制的事，即便後來發現了努力無效，你也能處之泰然，因為在過程中你已經實現了個人的內在目標，免去不必要的焦慮與煩惱。

柯維的關注圈／影響圈

《與成功有約》一書的作者史蒂芬·柯維提出了與斯多噶哲學類似的主張：「關注圈／影響圈」，提醒人們應專注面對可處理的事情。

柯維觀察人們遇到了挫折或苦難，常認為自己是因為「別無選擇」才導致陷入某種人生困境，但柯維認為怨天尤人、臣服於困難其實無助於現實，反而顯露了自己「消極被動」的心態。

因此，柯維認為高效能人士需要建立的第一個習慣就是「積極主動」（Be Proactive），要能主動為自己的人生負責，當習慣了主動負責之後，即便遇上了各種不好的境遇，也能採取正面的做法，知道自己其實永遠有選擇權。

如何讓個人展現積極主動的態度呢？很重要的一個原則就是投入注意力在「影響圈」中，而非「關注圈」。

「關注圈」是指個人關注的範圍，比如國家經濟、新聞時事、個人健康、家庭關係、事業工作等等，這類事物通常超過個人能力範圍。

消極被動的人習慣專注於「關注圈」，將不如人意的結果推給外在環境的問題與狀況，只會不斷抱怨他人，想辦法為自己的消極行為尋找藉口。

相對地，「影響圈」指的是在「關注圈」內自己可以掌握的事，藉此讓事物發生改變，比如自己為人處事的原則、想為一件事情所付出的努力程度、個人希望擁有的學歷或能達到的專業技能。

你會注意到，專注「影響圈」的人，習慣花心力投入自我成長，不浪費時間與精力在「關注圈」上，那些他們無法控制的事情上，而是將注意力放在「擴大影響圈」，專注在自己能全力以赴的行動上。

你可以參考「關注圈／影響圈」的圖，列出你現在的「關注圈」裡有哪些事項是你關心的，但有哪些事可能是你無能為力的？再進一步列出你的「影響圈」裡有哪些事是你能投入努力改變的。

當你試著投入在自己的「影響圈」，就會慢慢地將能改變的事加以擴大，許多意想不到的人事物或許就會出現轉機，原本有的焦慮感也會慢慢消失，因為「關注圈」內那些以前無法改變的事也慢慢縮小了。

當某個情境帶給你負面情緒，例如緊張、憂慮與不安，這時候可以靜下心思考，「是什麼引發了這些情緒？」、「自己是不是想控制超過能力範圍

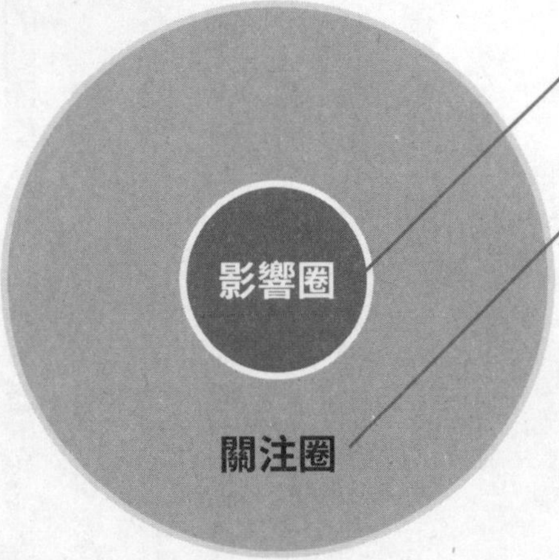

影響圈
自己能改變的事

關注圈
自己無法改變的事

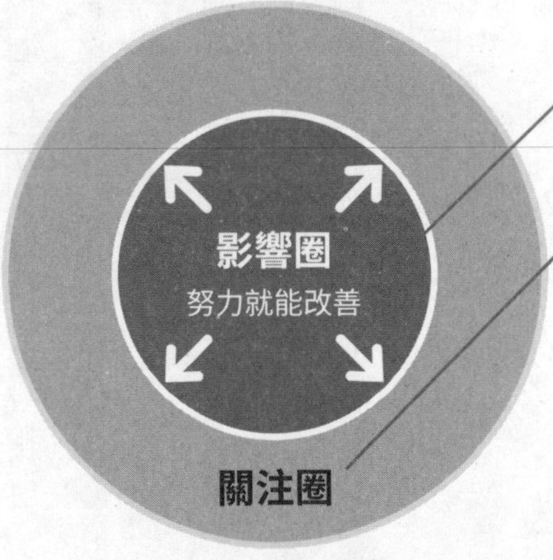

影響圈
擴大能改變的事

關注圈
縮小無法改變的事

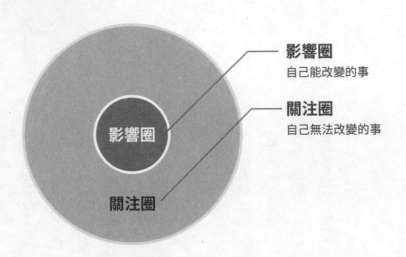

的事情？」、「是不是忘記了專注在自己能全力以赴的事情？」

你會發現，其實負面情緒的來源，常常與身處什麼環境無關，只與自己的想法有關。

面對人生的每個逆境，我們未必都能有答案，甚至習慣將精力集中在根本無法控制的事情上。不過，從兩千多年前的斯多噶哲學至近代的商管書籍，都不斷提醒我們將注意力放在自己能控制或影響的部分，可見在紛擾變動的現今社會，這個思想原則仍具有高度的實用價值與啟發。

職涯發展專家的

布局思維

當你盡力做到自己能做到的事，專心控制自己能控制的事，即便後來發現了努力無效，你也能處之泰然，因為在過程中你已經實現了個人的內在目標。

十一 練習一萬小時卻沒有成功：不是不努力，而是你少做一件「更重要的事」

一萬小時定律最早由麥爾坎．葛拉威爾在《異數：超凡與平凡的界線在哪裡？》（*Outliers: The Story of Success*）這本書所提出，並且引用披頭四樂隊做為例證，論述大量的努力練習，才得以提高專業技能，因此提出一萬小時的練習，可能比與生俱來的天分更重要！

這個定律主要是提醒人們，如果想要成為傑出的專家，從平凡變成超凡，至少要花一萬個小時的反覆練習，假以時日就能成為某個領域的頂尖人物。

若是按這個原則計算：職場人士需每天工作八個小時，一週工作五天，那麼需要五年的時間，就能成為專家，這就是一萬小時定律。

這樣的觀點激勵許多懷抱熱情與夢想的人，相信在不斷的努力與堅持之下，只要透過一萬小時的訓練就能成為專家。

換句話說，是不是天才已經不是那麼重要，在專業上所投入的練習量才是決定人們是否傑出的關鍵。

然而，佛羅里達州立大學心理學教授，安德斯・艾瑞克森（Anders Ericsson）在《刻意練習》（*Peak: Secrets from the New Science of Expertise*）這本書中表示，葛拉威爾引用他當年的研究發現（小提琴手傑出表現的原因），並提出一萬小時法則的說法，顯然是對研究主張有些誤解的。

比方說，你看著公園阿伯每天下棋，就算下了一萬小時，也不會成為一流棋士的。原因就在於練習的時數，並無法確保我們邁向頂尖，但我們卻常常誤認事情會越做越好。

所以，艾瑞克森認為，光有練習的「量」是不夠的，還必須兼具練習的「質」，才會是決定個人成就高低的關鍵所在。他稱這個目標導向的學習原則為「刻意練習」，共有四個要點：

1. 有定義明確的具體目標

2. 過程講求專注
3. 獲得有效回饋
4. 讓自己跨出舒適圈

而「刻意練習」和傳統學習有個關鍵差異點。傳統學習法的設計只是要發揮固有潛能，也就是不在離開舒適圈太遠的情況下，發展出某種能應付生活的技能和能力就好，就像開車、烹飪一樣，我們只是要維持這些技能，卻不一定要在這些基礎上進階。

但「刻意練習」的目標不僅是發揮潛能還要打造潛能，要做自己以前做不到的事，因此，需要離開舒適圈迫使你的大腦跟身體去適應，才能跨越邊界，提升自我。

所以，在練習上，該如何作到質量兼顧呢？

很重要的一項，就是所提到的第三點，在大量練習的過程中，確保能夠獲得有效的回饋。因此，努力尋求他人建議，除了可以協助改進不足、修正缺點，也有助自我肯定。

例如，高水準的職業選手通常不會只有反覆的刻苦練習，在每一次練習結束之後，都會藉由教練的回饋指正，讓自己學習到如何在真實比賽中勝出的技巧，甚至突破自我。

我們不是職業選手，不需將個人投放在充滿比賽的競技場，讓自己在高壓下不斷地面對輸贏挑戰。

不過，如果能在日常生活的學習都能獲得有效回饋，那麼也可以在全心投入某項領域的過程之中，同時讓自己邁向卓越。

方法其實很簡單，找到一位你有興趣投入領域的行業專家，邀請這位專家做為你的良師，並且在練習的過程中主動提出以下問題，尋求良師的建議與回饋：

「我在×××的部分，要怎麼做才能夠做得更好？」

×××可以是所設定的目標，在練習過後，請教良師這個問題，然後專注的改進缺失，再次投入練習。練習過程中反覆的獲取建議與採取改善行動，能夠讓我們的表現有所成長，不再停滯不前。

也有人問過我，向他人請求回饋上，有沒有什麼技巧。其實要能給他人回饋，還真不是件容易的事情。畢竟我們的文化中，人們並不常主動邀請他人給予回饋，自然也就不太習慣提供他人回饋。

所以，如果你希望在獲得回饋上可以作得更完整，你也可以先寫幾個項目在一張紙上，說明完整脈絡後，再請對方經過認真評估與回想後，再給予建議與回饋。這些項目可以是：

1. 我目前正在從事／學習／反思×××項目。
2. 我目前的狀況是×××，我想達到的是×××目標。
3. 請問我在×××的部分，該怎麼作會更好？
4. 請問我哪方面需要改進，為什麼？
5. 請問我哪方面作得還不錯，為什麼？
6. 你的回饋對我很重要，因為×××

如果收到的是負面回饋，自己也不認同對方的建議與指教，那該怎麼辦呢？批評總是令人難以接受，但回饋總不會都是自己喜歡聽的話。有時候也可能只是對於話語的誤解，我的建議是，可以請對方再重述一次內容，確保沒有誤會對方想表達的意思。

如果的確是與自己不同觀點的建議，那也沒有關係。只是代表對方的期望程度與個人想法有所落差，把這類批評當作一個禮物收下就好，然後真誠地謝謝對方所提的想法。

特斯拉汽車執行長的伊隆．馬斯克（Elon Musk）曾說過：「回饋機制非常重要，它使你不斷思考做過的事，以及如何做得更好。」

因此，不要害怕接受回饋，它是能讓個人持續進步的必要條件。

如果你不知道自己哪裡做錯，你怎麼知道自己哪裡做對？

一萬小時法則鼓勵人們只要持續努力練習，熟能生巧，就可以在某項領域中達到一定成就。雖然相關研究已經認同大量練習的重要性，不過如果在過程中沒有獲得回饋，其實仍是無法達到頂尖水準。

許多時候，邁向成功並不是精確計算練習時間的成果，長時間的勤奮刻苦不見得使我們更優秀，這並不是因為不努力，而是沒有在正確的方向上投入精神與資源，而謙虛與開放地接受回饋可以讓我們有所調整，讓這一萬小時更具威力，更容易在對的方向上達成所設定的人生目標。

職涯發展專家的

布局思維

高水準的職業選手通常不會只有反覆的刻苦練習，在每一次練習結束之後，都會藉由教練的回饋指正，讓自己學習到如何在真實比賽中勝出的技巧，甚至突破自我。

你的朋友，決定你的價值，成功者都懂的人脈思維

在一次職涯講座的Q&A時間，有個年輕人問「我該如何累積職場人脈？」，我好奇地想了解年輕人希望建立人脈的用意。

年輕人說許多教導如何在職場成功的書籍，都一定會提到人脈的重要性，他也很想在職場上有一番成就，因此也想要搭建自己的人脈網絡，但他不知道該從何下手，希望我能給一些建議。

說實在的，我並不是什麼經營人脈的專家，要談如何累積「成功」的人脈，一時之間也沒有什麼好答案。

但我回答年輕人，如果是談怎麼建立關係緊密的人際連結，我最近倒有一些想法與感受，你願意聽聽看嗎？年輕人帶著疑惑的眼神點點頭，記得那時我分享了三點看法，現在也分享給讀者：

不要盲目結交人脈，你的認知能力有限，應專注在某些關係上。

人脈是不是要愈多愈好呢？這點或許每個人看法不同，但英國牛津大學人類學家羅賓．鄧巴（Robin Dunbar）提出的數值倒是值得參考。

鄧巴主張，人們的大腦認知能力有限，負擔不了太過頻繁與廣泛的社交人脈。他認為人們朋友圈的數字並不是愈大愈好，他主張一個人能夠維持穩定的社會關係，例如你的親朋好友，數量大約就是一百五十人左右。

覺得他說的有沒有道理？或許你檢視一下自己的手機與電子郵件的通訊錄，甚至是你社群網站上的好友數量，就可以略知一二。你會發現，即便這些聯絡資料已經超過千筆，但我們真正能抽出時間維繫關係、稱得上是緊密朋友的數量，是不是也就是那一百五十位上下？

而這一百五十位的社交規模其實也一定程度地影響了你的生活與行為。因此，你決定將注意力放在哪些人際關係上是很重要的。因為人們的精力有限，很難投入心力維持超過一百五十人的數量。

如果你看得夠仔細，你也會發現每天花時間交往的那些朋友，也會決定你成為什麼樣的人，因為他們帶給你關於世界的見識與格局。

如果你想進步，弱連接比強連接能帶來更多機會！

美國社會學家馬克·格拉諾維特（Mark Granovetter）於一九七四年提出弱連接（weak ties）的概念，指的是與我們不熟、或是好久不見的朋友，而強連接（strong ties）則是和我們比較親近的家人、朋友與公司來往同事，這類關係穩定也較可靠。

格拉諾維特作了一個有趣的研究，他透過小鎮居民如何找工作來探討社會網路的關係，結果發現在找工作上，「強連接」反倒沒有那些「弱連接」的關係更能發揮作用，因此主張在工作與事業方面，「弱連接」帶來的機會其實要比「強連接」高得多。

其實這並不難理解，「強連接」通常是因為背景、生活與環境與我們較相近，但這些人脈並不一定能為你帶來新出口，幫你得到更多不同的機會。

其實，這些熟悉的人脈並不是不幫你，而是大家的背景與生活圈都高度相似，圈子內擁有的資源都差不多，彼此之間並不容易傳播新訊息。

而弱連接與強連接不同，他的研究指出，弱連接可以為個體帶來更多異質性的資訊，最終就能為個體帶來競爭優勢。這篇開創性的論文已經是社會科學領域被引用最多的論文，非常值得我們參考。

換句話說，如果你期望在生活與工作能有所進步，比較有效的方式是結交與你不同領域的專業人士，替自己創造新的人際關係，會更有機會讓你產生新的思考與見解。

所以，跨界人脈可以帶給你多元的思維模式，不同背景的朋友能給予你突破同溫層的交流連結，連帶創造更多機會與價值。

追求多元的人際關係組合，別忘了從身旁最親近的人開始。

有次讀了由哈佛教授米希爾．德賽（Mihir Desai）所著的《金融的智慧》，原本以為談的是金融工具與制度，沒想到其實要說的是金融帶給人生的啟發。比方說，金融談的規避風險，也能應用在人際關係配置上。

書中讓我印象深刻的，是提到用來衡量金融資產間的關聯性所使用的「β值」。高β值資產價值常與大盤走勢緊密貼合，而低β值資產的走勢則相反，相對大盤波動較小，視為投資組合中的避險工具。

β值的金融組合理論帶給人際關係組合的啟示是什麼呢？

首先，你可以試著區分身旁相關β值的人際資產。比如說，高β值資產的人脈，常是與你志同道合的朋友，這些人際網絡常與你有著共同目的與利害關係，換句話說，你一帆風順時，常會圍繞在你身旁，但你走下坡時，這些朋友可能就不再出現。

而低β值資產的人脈，則是關係穩固的朋友圈，不論你的人生如何高低起伏，都能與你維持堅定不移的關係。最後，則是負β值資產的人脈，當你最困難時，這些人必定守護你，當你衝太快時，又會想辦法拉著你。

在投資界人人都希望找到負β值資產，在人際關係中，我們也同樣希望擁有負β值人脈，你發現了嗎？其實那就是我們的家人、父母、兒女！

β值資產理論提醒了我們，自己是否合理地分配個人的β值人脈資產組合？是不是投注了太多精力與時間在高β值資產的人脈？還是自己因為事業忙碌，而不自覺地輕忽維持負β值人脈的重要性？在親人需要我們的時候，我們是否有陪伴在他們身邊。

如何在職場上建立有效人脈已有許多論述，我只是想提醒 避免急著結交人脈，應該將有限的注意力放在維持核心的社會關係，也別忘了「強連接」雖然可靠，但「弱連接」會帶來更多機會，最後則是要問問自己人脈網絡的關係資產配置的是否恰當。我們才得以在各種人際關係組合中，正確的分配精神與時間，獲得更為充實的人生。

職涯發展專家的

布局思維

如果你期望在生活與工作能有所進步，比較有效的方式是結交與你不同領域的專業人士，替自己創造新的人際關係，會更有機會讓你產生新的思考與見解。

「聽人說書」還是「自己看書」哪個好？

有天參加了一個讀書會，大家聊到時下流行了許多說書的節目，比方說專門講述書評的部落格、讀書音頻的 App 或是 YouTube 的知識頻道等等。

很有趣的是，現場夥伴大致分成了兩派意見，一類是喜歡聽人說書，另一類則是堅持自己閱讀。

喜歡聽人解析書本內容的朋友，認為說書節目已經濃縮書中重要的知識，不僅可以省去閱讀的時間，而且也可充分利用零碎時間進行學習。

在這個訊息爆炸，人們的吸收能力遠不及知識產生速度的年代，許多標榜「××分鐘就能讀懂一本書」的說書節目，的確可以滿足人們獲取知識的好奇心和求知欲。

至於堅持自己讀書，不想透過說書節目來閱讀一本書的朋友，則是認為閱讀本身也是一種練習專注與思考的過程。

對這些朋友來說，聽他人說書就像是已經拿著一本本畫好書中重點的參考書，如果單靠說書人所列出的知識點而理解一本書，就像回到以前學校唸書的填鴨式教育一樣，如此看似快速得到了許多知識，卻對個人的獨立思考能力沒有太多幫助。

這樣看來，喜歡聽人說書和堅持自己讀書的兩派觀點都很有道理。畢竟現代人最缺少的就是完整的時間，如果能利用碎片化時間進行閱讀，總比什麼都不讀來得好吧；而透過自行閱讀所能得到的，不僅是知識本身而已，還有與作者對話的機會，讓自己練習掌握書中的思考技巧，提高專注與理解能力。

那麼，我自己的閱讀方式是什麼呢？其實個人既聽書也讀書，分享一些經驗給讀者參考：

一、關於沒讀過的書：我會找一些品質較高的說書節目，聽聽說書人如何評析我有興趣但還沒有閱讀的書，如果有打動我的地方，就再去買這本書親身閱讀一次。

二、關於已讀過的書：如果是已讀過的書，平時閱聽的說書節目也提到了，我也會想再聽說書人如何解析，看看不同的人如何闡述這本書的重點。

也就是說，儘量採取相輔相成的方式，讓自己用多種角度理解一本書，而這樣雙管齊下的做法則來自於之前的聽書體驗。

有一次，某位說書人解析了一本我沒讀過的書，我覺得說書人的論述觀點很有趣，於是就去買了這本書閱讀，但讀完後卻發現內容並不像說書人所講的那樣生動。

原來是說書人在分享的過程中，加入了許多個人主觀的見解與詮釋。

這並不是說書人講得不好，但如果讀者過分依賴書評而略過了閱讀原作，我們很有可能沒有辦法達到客觀的理解。

也有一次，我讀過也很喜歡的一本書在某個說書 App 上架了，這個節目標榜二十幾分鐘的語音幫讀者了解書中的觀點與重點。但我聽完後卻遺憾地發現，或許是時間限制的關係，書中很多重要的論述不是過於濃縮就是略過不提，失去了原作精采的知識點。

不過，我仍學到了如何在有限時間內表達一本書核心觀點的方法，也不能說沒有收穫。

因此，有了以上經驗，我還是習慣透過閱讀原作習得新的知識點，但卻也不排斥運用一些說書節目來輔助理解書中的核心觀點，並與原作交互驗證。

畢竟閱讀並不是要求自己讀完後一定要記得什麼，如果能記得書中的知識點，那當然很好，代表保存了可貴的知識點；但如果不記得什麼，那也沒有關係，其實我們已經稍稍地拓展了內在的思維方式。

記住並不是閱讀的意義所在，透過理解書中觀點，閱讀帶給人的想像和思考才是更佳的收穫，收穫的是自己的底蘊與領悟。

閱讀好書，就像你吃了好多美食，你不一定想得起吃了什麼，但吃的東西的確化成了營養成為個人內在的一部分，成就現在的你。

所以古人才說：「腹有詩書氣自華」吧！

而不論是透過自己閱讀或是聽他人說書，最終應該都回到一個問題：「如何確認自己讀懂一本書？」

因為大多數的人讀完一本書是沒有問題的，但讀完卻不見得代表讀懂。

而且讀書這件事，在離開了傳統學校體系後，也不再是考試追求高分的閱讀

目標，對於讀書目的也就因人而異，

對於檢核自己是否讀懂一本書，也可以試著採用以下幾種觀點：

1. 能對別人說出書中印象深刻的一句（段）話，代表這本書有打動你的地方。

2. 能講出或寫出書中幾個重點，表示已經將書中所提內容作了理解與歸納。

3. 能回應當初閱讀此書目的與疑惑，這對於帶著問題找答案的讀者是很好的方式。

4. 閱讀之後，能帶出延伸心得與思考問題，再作擴大或深入的讀書計畫。

5. 能思考書中重點如何應用到現實工作或生活中，找到實際應用點。

6. 能接受他人對書本內容的重點提問，並推薦適合讀此書的朋友一同閱讀。

我想，不需要以上六點全部都做到才算讀懂一本書，不過這些觀點的確很適合做為檢視是否讀懂一本書的理解視角。

我常覺得，如果把一本書比喻成水果，你想把這個水果打成一杯果汁，你可以透過自身的閱讀，用個人偏好的方式，打成一杯符合你口味的好喝果汁。

如果你實在沒有空，那就透過他人幫你閱讀，讓別人以其專長製作的方式，幫你打好一杯果汁，只是甜度和冷熱或許不是你希望的那樣，口味好壞也就因人而異。

我們何其有幸，雖然處在訊息大量流竄，令人目不暇給的數位時代，卻也產生了知識付費的商業模式，使得更多的知識產品浮現，帶來更多元的學習管道。

我想可以樂觀地看待說書節目的盛行，不僅讓人們獲取知識的方式產生了變化，也讓我們選擇訊息的行為會愈來愈成熟，而靈活應用這類說書的知識產品，也更有機會建構適合自己的閱讀策略，連帶擴展個人學習視野。

職涯發展專家的

布局思維

記住並不是閱讀的意義所在，透過理解書中觀點，閱讀帶給人的想像和思考才是更佳的收穫，收穫的是自己的底蘊與領悟。

普通與優秀工作者的差別：覆盤思維，進化你的工作技術

某天收到了一位年輕讀者的提問，他提到自己剛畢業，也成功進到心儀的科技公司上班，一切看似順利，但他卻不時因為快速的工作節奏而感到焦慮緊張，想請我給他一些調適的建議或方法。

其實科技業步調緊湊在所難免，我好奇地進一步詢問，快速節奏實際帶給他在工作的影響是什麼？

問了才知道，原來是覺得自己學習的速度不夠快，對現行許多專案的理解與經驗也比不上同事，又期望能趕快跟上組織步調，因此造成自己壓力過大。

其實，能提醒自己快點熟悉工作的確值得嘉許，但若因此造成自己過度緊張，恐怕在工作上也不會快樂，長期下來也容易影響工作表現與績效。

我再問這位讀者，主管在工作上教導、交辦的事項，或是個人在工作上

的進度，有沒有試著作一些分析或總結呢？

「主管教的東西，是都有作筆記……」

「至於工作與專案就是把進度記下來……」

「至於分析……我也還不太知道要分析什麼耶……」

我與這位讀者分享，擁有努力進步的「工作心態」很好，但如果缺少了分析總結的「工作心法」，就沒有辦法調整與拓展自己的思路，發現新的突破，進而成為優秀的工作者。

那麼這套心法是什麼呢？

我稱為「覆盤思維」，它是個讓你的工作能力不斷進化的思考方式。其實，「覆盤」是圍棋的術語，也有人稱「覆局」。

它指的是在棋士對弈結束後，雙方回憶對弈過程中的落子記錄之後，重新擺一次棋子，經由再次討論棋譜的排演，檢視彼此在對弈過程中的優缺點。

透過這樣的練習，棋士不僅能從別人的視角看到自己的不足，也能思考下一次面對這樣的局勢可以如何反應，藉此精進棋藝。據說這是想下好圍棋時必經的基本訓練方式，方法單純，但卻很有效。

第一次看到「覆盤」這個名詞被用在工作實務上，是閱讀到聯想集團創始人柳傳志先生的管理哲學，這是一種對過去經驗做分析推演的思考方式。

柳傳志先在創辦聯想集團後，養成了在工作一段時間後就停下來，花些時間把這些工作進行梳理，看看自己是不是在正確的路徑上前進，方向是否正確。

他就這樣用「覆盤」這個方法論實踐企業經營與組織管理，也就是採用不斷地分析、檢討與總結的方式，歸納出下一步的因應方式。

或許這樣的實踐邏輯簡單易懂，這幾年在管理學上，看到愈來愈多關於「覆盤」的應用與討論，這樣看來「覆盤」的確有其益處。

歸納「覆盤」在企業運用上，經常分為以下四步驟，而這也是每位工作者能琢磨經驗、把每項核心工作引向成功的學習方法論。

第一步，回顧目標：時常檢視目標所在，才不至於偏離軌道。

第二步：評核結果：結果和目標的差距為何？得以鎖定「覆盤」重點。

第三步：分析原因：達標就找出成功要素，低於目標就探詢失敗原因。

第四步：總結經驗：把經驗和規律記錄下來，形成行動清單，納入下次執行。

注意到了嗎？普通的工作者，只懂得默默做事，不知道進行反思，那麼再多的努力，也只能稱作低等的勤奮；優秀的工作者則有一套具邏輯架構的覆盤思維，不會只想做好老闆交代的工作就好，知道如何運用寶貴的經驗與時間。

優秀工作者懂得掌握分析經驗的技術，悄悄地優化個人的思維模型。

「我覺得這套方式不錯，但也能用在生活上嗎？」與這位讀者分享完這套方法論，看來他也對「覆盤」這概念產生了興趣。

「當然，而且每個人每天只要簡單的問自己幾個問題，就能總結經驗，提升能力。」

我提醒這位讀者，只要有一枝筆，一本筆記本，就可以實踐在個人的生活上，下列方式可做為參考：

在每天睡前，找個安靜的地方並讓自己放鬆，試試以下的自我對話，並且寫下來：

1. 今天在生活上，做得不錯的地方是什麼？

這是為了鼓勵與肯定每天做得好的地方，讓自己更有信心迎接每一次挑戰。

2.今天在生活上，可以做得更好的地方可能是什麼？

這是為了檢視可以加強的地方，記錄曾經犯過的錯誤，提醒不再踩到相同的坑。

3.整體來說，以後可以把哪些做得不錯的地方複製或是再改良？哪些可以做得更好的地方，可以用什麼方式改善與應用？

這是為了訓練自己提升規律、解決問題的能力，針對未來能作更有效的思維練習。

經由以上簡單的三個提問，以「覆盤」的方式讓自己有意識地檢視每天的生活與工作。

這樣做的好處是避免不必要的錯誤再度發生，也能肯定個人作得好的地方，產生正向能量，有計畫地迎向未知的明天。

至於為何要強調寫下來？因為「寫下來，看得到，就想得到！」

畢竟人的記憶力是有限的，如果能日積月累的記錄上述個人體悟，不僅當下能產生更深的印象，有朝一日，當我們回顧當初所經歷的事件，白紙黑字的文字紀錄是能夠帶來更多聯想與省思的。

當然，在這個數位時代，也不一定要用傳統筆記本記錄，許多筆記軟體也都能有效保存，而且能夠更快速地搜尋過往經驗，避免重複犯錯。透過數位工具，形成學習知識庫，懂得萃取經驗，也能讓我們「覆盤」的效果更加地有威力。

後來這位讀者也給了我很好的回饋：

「原來之前感到焦慮，主要是因為對所做的事情沒有方向感！」

「練習了覆盤思維後，才知道不要只是低頭做事，也要抬頭看路！」

是啊，人生就是不停地從親身經歷的事情中學到規律與解法，這樣漫長職涯路上才不會愈走愈焦慮，也逐步獲得成長的學習複利。

職涯發展專家的

布局思維

優秀的工作者有一套具邏輯架構的覆盤思維，不會只想做好老闆交代的工作就好，知道如何運用寶貴的經驗與時間。更懂得掌握分析經驗的技術，悄悄地優化個人的思維模型。

致謝

真心感謝一直閱讀本書到最後的你！

有句名言大家都聽說過，那就是「知識就是力量」！

不過人生的真相卻是，真正為你帶來力量的，並不是那些存放在腦袋裡的知識。

比較正確的說法是，透過行動與實踐後的知識才有力量，那些才是真正屬於你的力量！

因此，我常分享「知識不是力量，行動才有力量」、「學習只能讓人有所涉獵」、「唯有練習才能讓人邁向卓越！」的觀念。

一個人能達到夢想與目標，往往不在於計畫了多少或說了多少，而是行動了多少、付出了多少。

若《布局思維》能帶給你一些不同的啟發，那麼請記得依書中所提知識點，多加行動與練習，讓這本輕薄小書能為你帶來具體的巨大改變。

《布局思維》得以完成，要感激許多貴人的支持。由衷感謝皇冠集團的所有同仁，尤其是平靜主編慧眼獨具，暖心鼓勵與認同讓本書問世，謝謝思宇鉅細靡遺地處理編輯事宜，大大提升文章的易讀性，謝謝負責行銷企劃的雅方，使此書有更多機會呈現在讀者眼前。

我也要將本書獻給摯愛的家人，家人的支持與信賴是我的生命寶藏，常讓我明白什麼才是人生最重要的事，得以堅定信念，擇善向前。

此外，我要感謝在人生與職涯旅途中的每一位老師、主管、同事、學員與好友們，他／她們深刻地影響了我的價值觀，開闊了我的視野，也啟發我在寫作與教學上的許多靈感。

最後，仍要向購買與閱讀《布局思維》一書的讀者表達最深的謝意，我和讀者們不見得能在教學、演講的場合相遇，但衷心希望透過這本書的觀念分享，讓讀者在人生賽道上有更多不一樣的選擇與做法。

我也期望得到讀者對於本書的回饋與意見，歡迎在「人資主管ＵＰ學」

部落格或粉絲專頁上留下對本書的任何感想與提問，我都會仔細拜讀，持續為這個社會帶來更多正向的影響力。

人資主管UP學部落客×影響力教練

楊琮熙

國家圖書館出版品預行編目資料

布局思維：職涯發展專家的30堂人生致勝課 / 楊琮熙著. -- 初版. -- 臺北市：平安, 2022.11 [民111].
面; 公分. --(平安叢書; 第741種) (邁向成功；88)

ISBN 978-626-7181-30-0 (平裝)

1.CST: 職場成功法

494.35　　111017251

平安叢書第741種
邁向成功 88

布局思維
職涯發展專家的30堂人生致勝課

作　　者—楊琮熙
發 行 人—平雲
出版發行—平安文化有限公司
臺北市敦化北路120巷50號
電話◎02-27168888
郵撥帳號◎18420815號
皇冠出版社(香港)有限公司
香港銅鑼灣道180號百樂商業中心
19字樓1903室
電話◎2529-1778　傳真◎2527-0904
總 編 輯—許婷婷
執行主編—平靜
責任編輯—陳思宇
美術設計—倪旻鋒、李偉涵
行銷企劃—鄭雅方
著作完成日期—2022年06月
初版一刷日期—2022年11月

法律顧問—王惠光律師

讀者服務傳真專線◎02-27150507
電腦編號◎368088
ISBN◎978-626-7181-30-0
Printed in Taiwan
本書定價◎新台幣320元/港幣107元